东营凹陷砂砾岩体地震描述方法

于正军 著

中国地质大学出版社
ZHONGGUO DIZHI DAXUE CHUBANSHE

图书在版编目(CIP)数据

东营凹陷砂砾岩体地震描述方法/于正军著.—武汉:中国地质大学出版社,2013.12
ISBN 978-7-5625-3302-3

Ⅰ.①东…
Ⅱ.①于…
Ⅲ.①砂岩油气田-地震勘探-研究-东营市
Ⅳ.①P618.130.8

中国版本图书馆 CIP 数据核字(2013)第 301069 号

东营凹陷砂砾岩体地震描述方法					于正军 著
责任编辑:周华 张琰		策 划:张晓红			责任校对:张咏梅
出版发行:中国地质大学出版社(武汉市洪山区鲁磨路 388 号)					邮政编码:430074
电 话:(027)67883511		传 真:67883580			E-mail:cbb @ cug.edu.cn
经 销:全国新华书店					http://www.cugp.cug.edu.cn
开本:787 毫米×1092 毫米 1/16					字数:326 千字 印张:12.75
版次:2013 年 12 月第 1 版					印次:2013 年 12 月第 1 次印刷
印刷:荆州市鸿盛印务有限公司					印数:1—1 000 册
ISBN 978-7-5625-3302-3					定价:68.00 元

如有印装质量问题请与印刷厂联系调换

序　言

　　我国石油资源大都分布在中、新生代陆相断陷盆地中,随着勘探程度的提高,许多重要的含油气盆地的陡坡带已进入以砂砾岩扇体油藏为主要勘探目标的阶段。砂砾岩体由于其特殊的地震地质特点,一直是地球物理技术攻关研究的对象。

　　本书在东营凹陷多年地震勘探实践的基础上,以现有地震资料、地质资料、开发资料为基础,开展砂砾岩体岩石物理测试和特征研究,明确地震信息描述储层的地球物理基础。通过正演模拟和统计分析建立砂砾岩体识别模式,分析与认识不同处理技术对砂砾岩体反射特征的影响,为砂砾岩体精细处理技术及储层预测研究奠定基础。分析影响砂砾岩体成像效果因素,研究以提高信噪比、有效反射能量恢复与补偿、叠前及叠后各种反褶积等为主要内容的提高砂砾岩体地质分辨率的方法,以提高砂砾岩体成像精度技术,解剖砂砾岩体内幕结构。研究以地震、测井等不同资料划分沉积旋回的方法,建立井震关系,明确期次划分原则,形成基于地震地质手段的砂砾岩体期次精细划分方法。分析储层岩石物理与地震正演特征,建立叠前和叠后地震属性、联合反演与储层物性之间的定量关系,形成有效储层地震描述方法。开展圈闭综合评价,落实分布范围和储量规模,提高砂砾岩体油藏勘探开发效益。

　　经过不懈探索,在提高资料品质、剖析内部结构、明确展布规律、提高经济效益等方面开展研究,围绕目标处理是基础、期次划分是关键、物性预测是中心等方面进行技术攻关,大大提高了基于地震资料的砂砾岩体储层定量描述的精度。创新技术包括砂砾岩体精细成像技术、砂砾岩体期次划分方法、砂砾岩体精细描述技术等,实现了该类油藏勘探由"定性预测"到"定量描述"的飞跃。研究成果可广泛应用于断陷盆地陡坡带的勘探和开发,同时对提高其他类型岩性油藏的勘探开发效益也将起到有益的指导作用,具有广阔的应用和市场前景。

笔　者

2013 年 5 月

目 录

- 第一章 绪 论 ………………………………………………………………… (1)
  - 第一节 地质背景与勘探现状 ………………………………………………… (1)
  - 第二节 前期研究进展及存在问题 …………………………………………… (7)
  - 第三节 研究成果及应用 ……………………………………………………… (9)
- 第二章 岩石物理与正演模拟特征 …………………………………………… (12)
- 第三章 高精度砂砾岩体成像技术 …………………………………………… (51)
  - 第一节 影响砂砾岩体成像因素分析 ………………………………………… (51)
  - 第二节 提高砂砾岩体成像精度关键处理技术 ……………………………… (56)
  - 第三节 处理效果分析 ………………………………………………………… (85)
- 第四章 砂砾岩体期次划分方法 ……………………………………………… (88)
  - 第一节 砂砾岩体期次划分的必要性 ………………………………………… (88)
  - 第二节 砂砾岩体期次发育特征 ……………………………………………… (89)
  - 第三节 砂砾岩体期次划分方法 ……………………………………………… (97)
  - 第四节 期次划分应用效果分析 ……………………………………………… (116)
- 第五章 砂砾岩体储层预测技术 ……………………………………………… (118)
  - 第一节 砂砾岩体相带预测技术 ……………………………………………… (118)
  - 第二节 基于叠后属性的储层预测技术 ……………………………………… (128)
  - 第三节 基于叠前信息的储层预测技术 ……………………………………… (145)
  - 第四节 多信息融合的有效储层预测方法 …………………………………… (163)
  - 第五节 应用效果分析 ………………………………………………………… (172)
- 第六章 技术创新与应用效果 ………………………………………………… (178)
  - 第一节 技术创新成果 ………………………………………………………… (178)
  - 第二节 勘探应用效果 ………………………………………………………… (180)
  - 第三节 开发效果分析 ………………………………………………………… (187)
- 参考文献 ………………………………………………………………………… (195)

第一章 绪 论

渤海湾盆地济阳坳陷共发育了东营、惠民、沾化、车镇 4 个箕状凹陷,其陡坡带以各种成因的砂砾岩扇体沉积为主。其中,东营凹陷中 9 个油田砂砾岩体的油藏探明储量近 3.5 亿吨。陡坡带在复杂的构造背景下形成了各种类型的砂砾岩扇体沉积,它们分别具有不同的岩性、电性及地震识别特征,沿陡坡带有规律地组合、叠置、展布,构成陡坡带的主要储集体类型。湖盆的北侧是高凸起,为内侧下降盘提供了充足的物源。随着盆地断陷活动和块断运动的不断进行,山地河流携大量的陆源碎屑物质经断崖进入湖盆,快速卸载,扇体的沉积由洼陷至盆缘呈有规律的组合、叠置,其组合特征随陡坡带基岩倾没型式的差异及后期构造演化的强弱变化而不同。总体来看,在空间上形成了一套从冲积扇—扇三角洲—深水浊积扇的完整或不完整的砂砾岩体沉积序列。纵向上,不同时期形成的扇体由老到新逐渐向后退缩,依次叠置,各期扇体构造高点迁移的方向就是物源方向。平面上,各期扇体的各相带逐渐向凸起方向迁移,垂向上自下而上则表现为扇根—扇中—扇端,构成了向上变细变薄的垂向层序。陡坡带广泛发育的砂砾岩体油藏是胜利油田增储上产的重要勘探目标。

第一节 地质背景与勘探现状

一、东营凹陷地质特征

东营凹陷是济阳坳陷东南部的一个次级构造单元,其南部为鲁西隆起,北为陈家庄凸起,东为青坨子凸起,西为滨县凸起和青城凸起。古近纪,在基底断陷体控制作用下,构造上呈现断裂发育而褶皱少见的特点,断层多具同生盆倾正断层的性质。总体而言,北部断裂活动强烈大,南部相对较弱,从而构成北陡南缓的箕状断陷盆地(图 1-1)。北部陡坡带主要发育太古宇泰山群、古生界、古近系沙河街组、新近系馆陶组和明化镇组。在基岩古断剥面上充填、沉积了以砂砾岩扇体堆积为主体的古近系沙河街组四段、三段(可简称沙四、沙三,Es_4、Es_3)。

东营凹陷北部陡坡带砂砾岩体处于陡坡前端边缘,近物源、近油源,构造圈闭的形成受陡坡带基底演化和沉积物类型及堆积规模双重控制,沉积相为沿陡坡带发育的冲积扇、扇三角洲、近岸水下扇沉积。这些扇体为多期快速沉积,纵向上多期叠合、平面上交叉叠置展布,形成了复杂的沉积格局。

根据古近系—新近系地层和构造发育特征可将东营凹陷的构造演化分为 5 个阶段。

1. 初陷期($Ek—Es_4^下$)

该时期为凹陷的初始断陷期,地壳开始断陷,主断裂如陈南断层、高青-平南断层和石村断层等继承了中生代末期的特点,持续活动,对地层沉积分布和凹陷格局起到控制作用。高青、博兴、金家、陈官庄等新的断裂不断产生并开始活动,形成了凹陷现今构造的雏形。

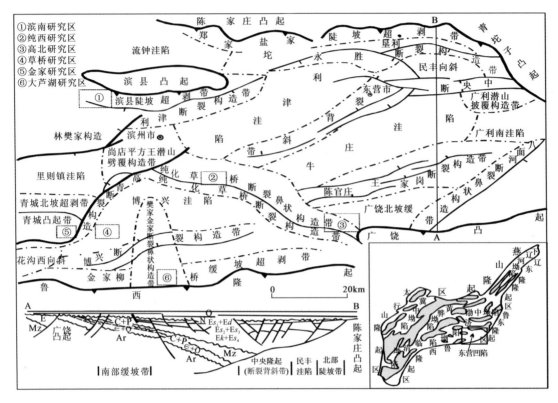

图 1-1　东营凹陷现今构造面貌图

2. 深陷期（$Es_4^{上}-Es_3^{中}$）

该时期以强烈的基底沉陷为特征，伴随济阳运动Ⅰ幕发生，块断运动加剧，盆地扩张速度快，沉降幅度大，湖盆水位逐渐加深，盆地主断层均处于发育的高峰期，新生断层大都发育在北部陡坡和凹陷的中央带及南斜坡。中央背斜带在沙四上沉积时期开始拱起，造成东营凹陷东半部分化，使民丰洼陷和牛庄洼陷逐渐分异出来；在沙三下—沙三中沉积时期，由于陈南大断层的活动及古近纪—新近纪早期塑性地层上拱的共同作用，中央背斜带进一步向上拱张、断裂，导致东营凹陷进一步分离形成牛庄、民丰、利津等次级洼陷。

3. 收敛期（$Es_3^{上}-Es_2$）

裂陷活动进入晚期后，大量次级断裂对初始构造带进行了改造，中央背斜带及其上部地垒继续发展。由于早期的充填，到此期水体变浅，构造活动平缓，盆地开始收缩。

4. 再次拗陷期（Es_1）

由于济阳运动Ⅱ幕的发生，湖盆再次沉降和扩张，但与深陷期相比，沉降幅度与速度都小得多。由于该时期凹陷边界断裂活动减弱，盆地性质由断陷向断拗转化。

5. 萎缩期（Ed）

断陷湖盆再次收缩变浅，中央背斜带进一步拱张定型。东营运动末期，凹陷的主要构造格局已经定型。

由上述可见，东营凹陷的发育演化是由大规模的断陷活动和大范围的整体抬升两大因素有机地组合而成的。

二、东营凹陷陡坡带构造特征

东营凹陷北部陡坡带是东营凹陷的一个二级构造单元,西起滨县凸起,东到青坨子凸起,南起洼陷带,北到陈家庄凸起,呈近东西向展布,勘探面积约 2 000 km²。从构造的观点看,其北部是陈南断层,东部为青西断层,西接利津断裂带,南部由一系列同生断层与洼陷相沟通。研究发现,边界断裂是最能反映北部陡坡带构造特征的地质要素,总体上具有以下特征(图 1-2)。

1. 陡峭

一般坡度在 15°～35°,且剖面形态大多呈上陡(倾角 50°～60°)、下缓(倾角 15°～35°)的铲形。

2. 深而窄

由于长期继承性的断陷活动,古近系—新近系底面落差均在 2 000 m 以上,一般为 3 000～4 000 m,最大可达 6 000 多米,造成坡脚很深,但水平距离较窄,一般仅几千米,最大也只有十几千米。

3. 长而曲折

东营凹陷北部陡坡带由控凹边界断层组成,绵延距离长,在 100 km 以上,但平面形态曲折多变,总体上均呈北西、北东两组断层耦合而成的锯齿状。

东营凹陷北带陡坡带的次级构造单元,大致可包括 1 个潜山披覆构造带、2 个断裂带、3 个凸起和 4 个洼陷带。其中陈南断层自始至终控制着盆地的发生和发展,其主走向为北东东-北西西向,倾角东陡西缓,延伸距离 80 km 左右;滨南-利津、坨-胜-永断裂带,是两个同生断层发育区,主要断层在沙四段末期开始活动,最大断距可达 1 200 m,次级断层断距较小,一般不大于 300 m,其中滨南-利津断裂带为北东向延伸,延伸距离 30 km 左右;坨-胜-永断裂带近东西向展布,延伸距离 50 km 左右,其主要断层胜北断层在胜利村背斜东北分叉形成两组断裂,其中断层主体向东南延伸形成一弧形断层,另一组继续向东延伸形成民丰-永安镇断裂。陈家庄凸起、滨县凸起、青坨子凸起,是东营凹陷最北端的正向构造单元,为北部陡坡带的物源区。利津、董集、民丰和青南洼陷带,沙四段晚期开始形成,沙三段晚期继承性发育形成负向构造单元,为主要的生油区。

纵观东营凹陷北带构造景观,可以看到后期断裂依附于先成断裂,且没有对先成断裂构造格局形成质的破坏,只是使其进一步复杂化。根据北部陡坡带的构造和地层发育特点,可将其划分为 3 个台阶,即凹陷最北端包括凸起南部边缘的高台阶,滨南-利津及坨-胜-永断裂带以南的低台阶以及高低台阶之间的二台阶,研究区处于二台阶之上。

三、砂砾岩体成藏特征

砂砾岩体油藏勘探始于 1965 年东营凹陷永 1 井的勘探,经过 20 世纪 70—80 年代的探索,"八五"、"九五"期间相继在多个地区发现砂砾岩体,随着沟扇对应、断坡控砂等理论的产生和三维资料的应用,勘探开发了一批富集高产砂砾扇体油藏。从钻探深度上看,不断下移,已钻至沙四下亚段。从油藏类型上看,经历了地层型—背斜型—岩性型的转变过程。烃类相态

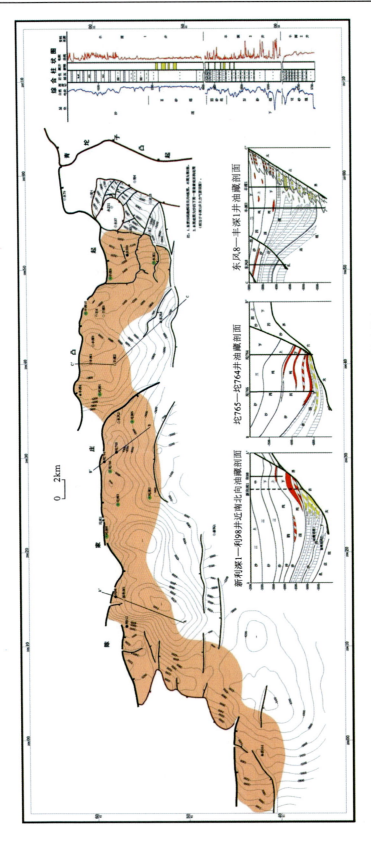

图1-2 东营北部陡坡带结构及沉积构造特征

由浅层的稠油到中层的稀油到深层的裂解气。

东营凹陷砂砾岩体的勘探大致可分为3个阶段:第一阶段是20世纪60年代,胜利油田以寻找大中型构造油藏为主,东营北带砂砾岩体油藏只是偶然钻遇,尚未引起重视。1965年的永1井首次钻遇砂砾岩体油藏,以后在东营北带不同地区也偶见砂砾岩油层或油气显示。第二阶段是70—80年代,以二维地震资料为基础,以寻找复式油气藏为主,对北带砂砾岩体开始了有目的的勘探,发现了以砂砾岩体油藏为主的单家寺大型油田。但该阶段人们对砂砾岩体的认识、研究程度还远远不够,一些地区部署的探井不理想。第三阶段是90年代,随着东营凹陷勘探程度的提高以及三维地震资料的大量应用,北带砂砾岩体的勘探开始由兼探进入主探,相继发现并开发了许多具有陡坡带沉积特色的砂砾岩体油藏,逐渐走出了一条比较成功的砂砾岩扇体勘探道路。

砂砾岩扇体成藏的好坏,主要受控于以下几个方面的因素。

1. 油源条件

东营凹陷北部的民丰洼陷主要有沙四、沙三段两套烃源岩,厚度分别为300~1 400m和200~800m,最大埋深大于4 000m,是盆地内最好的生油洼陷之一。因此临近民丰洼陷的陡坡带具有丰富的油源条件。

2. 油气的运移

从油气的运移条件看,本区具有动力足、通道多的特点。油气运移的通道主要有3类,即断层、地层不整合及扇体内的孔隙、裂缝等,它们在空间上相互配合,构成了本区油气运移的立体通道。

3. 储集性能

砂砾岩体的强非均质性导致不同相带扇体物性有较大差异,从而造成含油的不均一性。一般来说,扇中亚相物性较好,最有利于储油,而扇根成分混杂、粒度较粗,扇端主要为泥岩夹粉细砂岩,岩性太致密,二者都不利于储油。

4. 扇体的形成时期

由于不同时期供给母岩的变化,扇体的岩石组合不同,储层物性差异较大。在湖盆的初陷期(孔店组—沙四下)主要剥蚀的是古生代地层,相应形成了富含灰质砾石的扇体,这类扇体岩性致密、物性差、含油性差。而沙四末及以后形成的扇体,由于凸起已开始有大面积的太古宇花岗片麻岩裸露,则主要形成了以花岗片麻岩为母岩的砂砾岩扇体,岩性以较细的含砾砂岩为主,储层物性好,油层产能高。

5. 生储盖组合关系

陡坡带砂砾岩体主要分布在沙三下、沙四,而沙三、沙四的巨厚生油泥岩既是生油岩又可以作为盖层,这样就形成了良好的生储盖组合模式。经过勘探实践,该区主要发育盐上和盐下两套独立的成藏系统(图1-3)。

根据控盆断层的形态及古地貌特点,可将东营北部陡坡带划分为3种类型,不同的类型发育不同的沉积体系和成藏模式。受西部台地式边界断裂控制,宽缓的高台阶大面积发育洪积扇、扇三角洲,二台阶发育水下扇体;中部阶梯式边界断裂倾角小、坡度平缓,二台阶以上发育水下扇和扇三角洲,低台阶发育深水浊积扇,扇体平面上延伸一般为5~8km;东部的铲式边

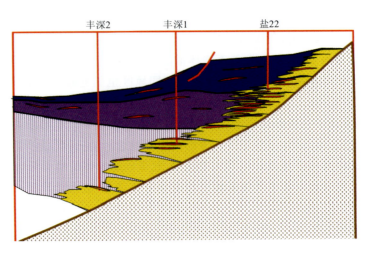

图 1-3　丰深 2—盐 22 成藏模式图

界断裂倾角大、坡度陡,主要发育水下扇,纵向相互叠置,横向上延伸距离一般为 3～5km。

在以往认识的基础上,通过开展对砂砾岩扇体沉积、储层、成藏的研究,取得以下几个方面的认识。

1. 陡坡结构控制扇体类型

(1)陡坡结构样式控制不同扇体平面分布。

台地式、阶梯式边界断裂二台阶之上及铲式边界下降盘以发育近岸水下扇为主;台地式、阶梯式边界断裂二台阶之下以发育深水浊积扇为主。

东营北带沙四段近岸水下扇受控于剥蚀区古地貌及物源量大小,表现为"沟扇对应、叠合分布"的沉积特点。深水浊积扇受控于沉积古地形,平面上沿边界断裂前方呈土豆状相间分布,与近物源方向水下扇体具有一定对应关系。表现出"底形控砂、相间分布"的沉积特点。

(2)陡坡结构演化控制扇体沉积演化。

陡坡带现今结构样式是长期构造演化的结果,在不同的演化阶段断坡类型不同,有必要考虑不同时期构造演化对断坡类型的控制作用,将"断坡控砂"模式由"静态"向"动态"进一步深化。

通过研究发现,沙四上沉积以前,东营北带具有统一的边界断裂模式——铲式;沙四上沉积之后,二台阶断层开始发育,逐渐分化为铲式、阶梯式、台地式 3 种结构样式。沙四上—沙三下,构造运动强烈,二台阶同生断层剧烈活动并开始控制沉积,在其前方发育规模较大的深水浊积扇体。

2. 沉积相带控制有效储层展布

通过对近岸水下扇和深水浊积扇的深入分析,认为在各种沉积类型中,油气富集都不同程度地受到相带的控制;近岸水下扇扇中控制油气富集;浊积扇的内扇、中扇均是有利的储集相带,往往形成高产。

3. 沉积成岩控制油藏类型

(1)深水浊积扇。

一般为高压油藏,具有富集高产的特点,目前仅在胜坨、利津地区有所发现,在盐家—永北揭示较少。深水浊积扇油藏受控于沉积岩性边界,油藏类型以岩性透镜体油藏为主,具有"沉积封闭、主体富集、高压高产"的特点。

(2)近岸水下扇。

以常压油藏为主,产量中等,产能稳定,是目前东营北带发现的主要油气藏类型。近岸水下扇油藏主要有两种类型:构造及扇根封堵岩性油藏。后者一般具有"扇中富集、含油连片"的特点。勘探实践表明,在陡坡带深层,扇根封堵的岩性油藏是主要的油藏类型。而浅层扇体成藏往往要求有一定的构造形态。

实践表明,并不是任何深度扇根都能封堵。因此对扇根封堵的临界的条件分析显得至关重要。通过分析认为扇根封堵具有以下特点:沙四上近岸水下扇扇根为块状砾岩,见棱角状大砾石,扇根亚相为干层,可以作为有效的封堵层;扇根分选差,随着深度的加大,扇根压实程度比扇中更加强烈,形成封堵;母源性质不同,造成东营北带扇根封堵临界深度的差异,东部的盐家地区在3 200m之下是有效封堵,3 200~2 200m是过渡带,小于2 200m扇根不封堵,利津、胜坨地区碳酸盐岩屑含量较高,扇根成岩作用强烈,成岩分界线在3 400m,临界深度较东段浅。

通过以上分析可以看出:近岸水下扇与深水浊积扇在沉积分布、储层特征、控藏因素等多个方面都存在明显的差异。近岸水下扇:沟扇对应、叠合分布、成岩控藏、扇中富集、连片含油。深水浊积扇:底形控砂、相间分布、沉积封闭、主体富集、高压高产。针对不同扇体类型,其评价、描述的特色勘探技术方法有所不同。

第二节 前期研究进展及存在问题

一、前期研究进展

砂砾岩体油藏作为隐蔽油气藏的重要类型之一,多发育在陆相断陷湖盆之陡坡带。国外对此类油藏的发现和研究并不多,且多归结于低渗透储层一类。

在包括砂砾岩体在内的低渗透储层属性预测方面,国外根据钻井结果进行储层范围与厚度预测,但经常发生不吻合。就技术层面来看,声波阻抗和最大振幅属性等相结合的多种属性分析(Bo Zhao,2008)被用来减少多次波干扰产生的影响,用基于神经网络的属性预测技术评估给定目的层受多次波干扰的不良影响。经实验室岩芯样本研究显示,气体的存在把速度比降低到小于1.6的异常值,从多分量地震数据估算的v_p/v_s证实了该结果(Eldar Guliyev,Thomas L Davis,2007)。利用井试验数据对储层进行解释(Fernando A Neves et al.,2003),以显示储层的双孔隙度特性。利用3D宽方位全炮检距地震数据进行P波振幅随炮检距、方位角变化(AVOA)和方位速度分析,基于方位各向异性测量值利用P波估算裂缝方向和密度。根据低渗透储层的地质特征和影响因素,国外学者提出了一种以基质系统为基础、以裂缝系统为焦点、以应力场系统为制约因素的低渗透储层综合评价方法。

国外对于低渗透储层预测未来的发展趋势主要有3个方面。

(1)运用多种属性相结合及属性定量分析方法来预测储层。

(2)以多分量地震数据的纵横波速度分析来评价储层优劣。

(3)利用方位速度和AVO地震数据对低渗透储层进行裂缝描述。

国内对发育在断陷湖盆陡坡带砂砾岩扇体的研究和油气勘探已有相当长的历史,高瑞祺等(2001)按成因将砂砾岩体分为冲积扇、水下扇、浊积扇、扇三角洲、三角洲5类,并对渤海湾盆地不同砂砾岩体的油气成藏条件进行了系统总结。吴崇筠(1992)系统总结了6种湖泊相砂砾岩体的类型和沉积特征。

经过多年的勘探开发,国内也探索发展了一些较为适用的砂砾岩体储层预测技术,主要集中在储层描述部分,可分为外部几何特征的描述和内部结构的识别等,并在实际工作中取得一定的效果。主要表现在基于钻井岩芯和测井资料为主的预测研究(鄢继华等,2005;孙怡等,2007;徐晓辉等,2003;于长华等,2003;张鑫等,2008),以及基于地震地层学和层序地层学原理为主的预测研究(曾洪流等,1988;宋宁,2004;赵俊青等,2005;武恒志,2001;宋荣彩等,2007;陈萍,2006;董艳蕾等,2007;陈清华等,2007),这些研究成果为我们建立了近岸水下扇的地层划分对比标志、宏观地震反射结构和特征的识别模式。在用地震参数信息和地震方法技术预测近岸水下扇内幕结构和扇体内有效储层方面,虽然前人对地震属性分析技术、地震波阻抗反演技术、层拉平技术、切片技术、分频解释技术等(夏连军等,2008;陈萍,2006;李廷辉等,2005;林松辉等,2005)取得了一定的成果认识,但由于砂砾岩扇体内部成层性差、地震反射强度弱,造成多数可有效预测其他类储层的地震方法技术在预测砂砾岩体储层中应用效果很不理想。因此,目前尚缺乏新的、有效的砂砾岩体储层描述方法。

二、存在问题

经过多年的勘探,埋藏较浅、具有良好的构造形态的近岸砂砾岩已经勘探殆尽,砂砾岩体的勘探与开发必须向深湖区、埋藏更深的砂砾岩体发展。近年来的勘探突破揭示东营凹陷陡坡带沙三下—沙四段砂砾岩体储层具有巨大的勘探潜力,但是由于砂砾岩储层存在着强烈的非均质性,勘探中存在着许多急需解决的问题,主要有以下几个方面。

1. 砂砾岩体精细成像精度有待进一步提高

砂砾岩体由于是多期叠置形成的,受地震资料品质的影响,其包络面反射特征相对比较明显,内部反射结构较难识别,陡坡带目前的地震成果资料由于受地震资料难以准确成像及纵横向分辨率的限制,隐蔽性砂砾岩体沉积期次难以有效划分,边界控制断层的成像质量不高。在随机噪声和干扰背景下,加之陡坡带砂砾岩体地震反射特征的复杂性,使得这些地震反射信号有时时隐时现,有时微弱的有效信号淹没在随机噪声和干扰中,造成反射波同相轴难于追踪,这使得深层有效反射波的频带窄、主频不高、信噪比低,导致了陡坡带砂砾岩体地震资料品质总体上比较差,难以搞清陡坡带复杂的砂砾岩体沉积模式,制约了陡坡带砂砾岩体油气资源的勘探与开发。因此,非常有必要开展精细地震资料处理技术研究,提高砂砾岩体成像质量及地质分辨能力。

2. 砂砾岩扇体内幕结构精细描述没有达到定量化程度

沉积规律决定了砂砾岩体是多期叠置的,其内幕结构非常复杂。目前,常规地震资料所描述的只是扇体的外包络面及一些特殊扇体的可分辨的内幕特征,对大多数的砂砾岩体而言,目前的描述技术还不能深入到扇体内幕,主要原因是地震资料的分辨率低,内幕有效能量少,反射特征不清楚。因此,要在提高信噪比和分辨率的基础上,进一步完善和发展扇体内幕结构精细描述技术,以期充分发挥地震勘探的优势,为砂砾岩体油藏的滚动开发奠定良好的基础。

3. 砂砾岩扇体有效储层预测难度大

砂砾岩体扇体规模较大,纵横向叠合连片,有着极为丰富的储集空间,而有效储层的综合判别是储层描述的一个重要内容。从近期钻井情况看,砂砾岩体纵横向变化十分复杂,储层非均质性极强,严重影响开发效果,储层物性好,单井产能高。而沉积相带决定了储层物性的优劣,相带展布往往可用区带地质特征和地球物理特征来描述,因此,如何针对砂砾岩体非均质展布的特点综合预测有效储层的发育情况,是目前该类型油藏迫切需要解决的技术问题。

鉴于以上原因,目前的储层的描述技术已不能满足砂砾岩体的识别及后续的油藏研究,迫切需要建立一套不同沉积期次非均质砂砾岩体储层预测的有效方法和技术系列。因此,开展砂砾岩体储层精细对比,加强砂砾岩体储层描述,寻找有利储层发育带就成为勘探开发中必须解决的技术问题。

第三节 研究成果及应用

一、近期研究成果

"十一五"以来,尤其是近3年,东营凹陷砂砾岩体勘探开发成果丰富,针对性地震勘探技术亦有了长足进步,业已形成并完善了相对配套技术系列。主要以现有地震资料、地质资料、开发资料为基础,开展砂砾岩体岩石物理测试和特征研究,明确地震信息描述储层的地球物理基础。通过正演模拟和统计分析建立砂砾岩体识别模式,分析与认识不同处理技术对砂砾岩体反射特征的影响,为砂砾岩体精细处理技术及储层预测研究奠定基础。分析影响砂砾岩体成像效果因素,研究以提高信噪比、有效反射能量恢复与补偿、叠前及叠后各种反褶积等为主要内容的提高砂砾岩体地质分辨率方法,形成以提高砂砾岩体成像精度技术,解剖砂砾岩体内幕结构。研究地震、测井等不同资料划分沉积旋回的方法,建立井震关系,明确期次划分原则,形成基于地震地质手段的砂砾岩体期次精细划分方法。分析储层岩石物理与地震正演特征,建立叠前及叠后地震属性、联合反演与储层物性之间的定量关系,形成有效储层地震描述方法。开展圈闭综合评价,落实分布范围和储量规模,提高砂砾岩体油藏勘探开发效益。

1. 取得的主要成果

(1) 以分区带和类型为基础解剖已开发典型砂砾岩体岩性组合及地球物理特征,明确了在特定双参数(如 $Z_p - v_p/v_s$)空间中储层物性的分布特征,为后续储层预测奠定了良好的数理基础。

(2) 明晰了砂砾岩体高速特征对时间域和深度域成像差异和频率、道距等敏感参数对分辨能力的影响,为处理方法、储层预测方法的选择提供比较可靠的依据。

(3) 通过对提高信噪比技术、高保真振幅补偿技术、反褶积子波处理、精细速度分析及叠前成像方法等方面的针对性处理技术系列的开发和使用,最终形成了一套能够提高陡坡带砂砾岩体成像精度的处理流程,取得了较好的处理效果。

(4) 在盐下能量补偿、提高砂砾岩体分辨能力、速度分析及深度模型建立优化方面取得了创新成果,解决了砂砾岩体成像的关键问题,形成了较为完善的叠前时间偏移和叠前深度偏移两套技术系列。

(5) 形成了相位、数据双驱动层序精细划分方法,克服了模型控制的不足,实现了时间域—地质年代域—时间域的转换,完成了复杂地区砂砾岩体层序精细对比和划分。

(6) 建立了砂砾岩体期次划分技术流程,完成了砂砾岩体典型井多级沉积旋回划分,利用 S 变换时频分析和 Wheller 域层次划分等技术精细识别砂砾岩扇体内幕结构,分析了砂砾岩体的测井相与地震相特征,为砂砾岩体的精细描述提供了坚实基础。

(7) 东营凹陷不同层段砂砾岩体有效储层的物性下限不同,可分为沙三、沙四上和沙四下 3 个层段,其有效储层的孔隙度下限分别是 8%、5% 和 3%,其中,沙四下与前两个层系不同的是其以深层裂解气层为主。

(8) 建立砂砾岩体测井与地震响应的数理关系,通过地震属性参数与储层孔隙度离散数据的趋势性分析,形成了多元回归砂砾岩体孔隙度平面预测方法,并就预测精度和适用性进行了分析。

(9) 通过岩石物理分析及叠前正演,明确了砂砾岩体储层属 I 类 AVO 特征,建立了叠前反演的技术流程,形成了基于叠前信息的砂砾岩体有效储层描述的技术系列。

(10) 明确了表征砂砾岩体有效储层的孔隙度参数与表征流体性质的 v_p/v_s 之间关系,首次基于深度域叠前反演技术进行了砂砾岩体有效储层的预测,与实钻资料吻合程度较高。

(11) 形成了针对砂砾岩体有效储层的多信息融合评价技术,实现了基于叠前、叠后信息的多体融合,体现了地震、地质、测井、开发等多手段结合的优势,进一步提高了有效储层描述精度。

(12) 利用开发的技术,完成了东营凹陷陡坡带砂砾岩体的精细评价,分析了不同地区的成藏特征,明确了有利相带的展布规律和潜力规模,提高了勘探开发效益。

2. 技术进步

(1) 提高了砂砾岩体成像精度精细处理技术。

针对陡坡带砂砾岩体发育区速度变化特点,明确影响砂砾岩体成像效果的主要因素。综合采用不间断变速叠加扫描速度分析方法、均方根速度迭代分析方法和基于剩余延迟时的模型修正与剩余速度分析技术,建立适应陡坡带砂砾岩体速度变化特点的叠前深度域初始速度模型。通过基于剩余曲率的层析反演模型优化技术,进行速度模型优化,最终形成准确的速度-深度模型。开展砂砾岩体高精度成像技术研究,建立一套有针对性的提高陡坡带砂砾岩体成像精度的精细处理技术系列,进一步提高陡坡带砂砾岩体的成像精度及地质分辨能力。

(2) 砂砾岩体精细期次划分方法。

建立陡坡带地层等时格架和井震关系,通过单井与地震资料的相互标定和约束,划分出砂砾岩体大尺度的沉积期次。根据地震响应变化规律,通过时频分析、约束反演等技术精细描述砂砾岩扇体内幕特征,精细划分砂砾岩体沉积期次。研究并形成砂砾岩体大、小尺度沉积期次的精细划分技术,明确影响砂砾岩体展布的主控因素和不同地区、不同层系的期次变化规律,实现了该类型油藏的定量描述。

(3) 砂砾岩体有效储层描述技术。

建立砂砾岩体有效储层的识别标志,研究有效储层的地震属性预测技术,明确了深度域反演的数理基础和技术流程,反演结果对储层厚度、物性、含油气性的描述精度较高,预测误差在 10% 左右。探索叠前、叠后联合反演定量描述有效储层的方法,形成地震、地质、测井和动态资料联合识别和描述有效储层的技术系列,可提高储量动用程度。

二、应用效果

通过多年的技术研究和勘探实践,形成砂砾岩体精细成像处理技术,有效识别内幕特征;形成砂砾岩体沉积期次精细划分方法,井震符合率达到90%;形成基于叠前、叠后地震信息的有效储层描述技术系列,明确分布规模。

根据期次划分的结果,对东营北带砂砾岩体进行了分期次的地震属性分析和有利相带的预测,发现了多个有利的勘探区块,共描述沙三段砂砾岩体期次3个,沙四段砂砾岩体期次11个,覆盖面积近300km^2,预测石油地质储量15 360×10^{4}t。

应用技术研究成果,针对东营北部陡坡带共部署了47口探井,相继完钻26口,成功率为73.1%。应用项目所开发的技术上报东营凹陷砂砾岩体油藏可观的储量并新建了产能,充分展示了东营凹陷陡坡带巨大的勘探开发潜力,取得了良好的经济效益和社会效益。

本技术成果对陡坡带砂砾岩体油藏的开发工作起到了良好的指导作用,在东营凹陷陡坡带发现了一批富集高产的中深层砂砾岩扇体油藏,掀起了胜利油田砂砾岩扇体油藏的又一次勘探高潮。

第二章 岩石物理与正演模拟特征

东营凹陷北部陡坡带是砂砾岩体发育主要地区,随着近年来针对古近系砂砾岩体所部署钻探的丰深1、丰深3、盐22、永920等井的成功以及部分钻探井的失败(如丰深2井),证实了广阔的勘探前景和有效储层发育的复杂性。由于区域地质、构造条件的变化使得砂砾岩体结构及成因复杂,储层非均质性突出,加之埋藏深,造成了该区地震波的传播速度变化较大,使得在地震资料砂砾岩体内幕特征不清晰、储层和非储层难以识别、储层中的物性变化和含油性大小难以区分等,给目前的勘探开发造成了很大困难。通过岩芯测试和正演模拟,分析其岩石参数变化特征,建立储层模式与地震响应特征的对应关系,明确地震信息描述储层的地球物理基础及内在因素,为砂砾岩体针对性精细处理技术及储层预测研究奠定基础。

一、实验测量及其质量控制

1. 岩芯基本情况

通过对东营凹陷北部陡坡带砂砾岩分布区带进行分析,选取了位于不同地区、不同相带的探井进行岩芯采集,共选取了9口井(丰深1、丰深2、新利深1、盐222、利95、利96、坨764、盐斜228、永936),采集了84块岩芯样品,根据薄片鉴定结果确定了岩芯的岩性类型,样品的岩芯包括:泥岩、含砾砂岩(图2-1)、粗砂岩、中砂岩、细砂岩、盐岩、片麻岩等。

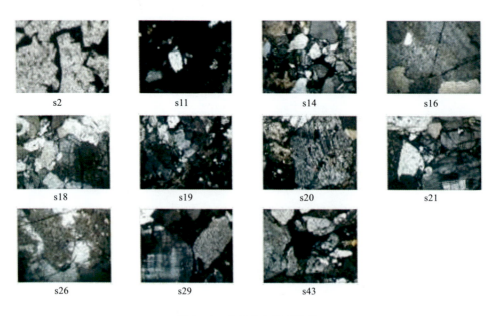

图2-1 含砾砂岩微观照片

2. 岩石样品物性测量

1) 岩石样品密度、孔隙度测量方式

采用游标卡尺测定圆柱形样品的直径和高度,游标卡尺的精度为 0.01mm。采用电子天平测定干岩样的重量,电子天平的精度为 0.001g。采用测定的几何尺寸计算岩样的体积,然后用岩样的体积除以重量计算岩样的密度。

采用气体孔隙度仪器测定样品的孔隙度。

2) 参数测量方式

采用图 2-2 的测定系统,在模拟地下各种温度、(静岩)压力、孔隙流体压力、不同流体饱和度条件下,对井下岩石样品进行了波速和密度测定,确定了相应条件下岩石样品的杨氏模量、体积模量、剪切模量、泊松比、P 波模量、拉梅常数、纵横波速度比、纵横波波阻抗等基本弹性参数。

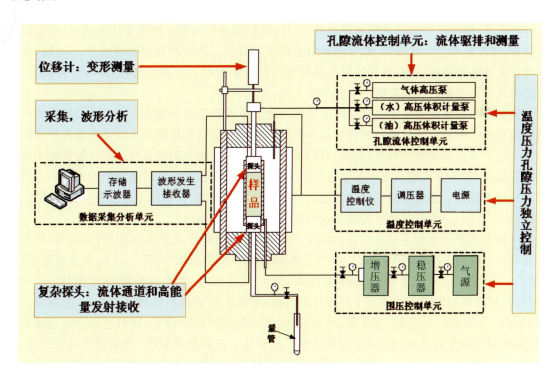

图 2-2 岩石原位物性测定系统

该测量系统具有温度、压力和孔隙流体压力、流体饱和度独立控制功能,最高温度可达 120℃,最大压力可达 80MPa,最大孔隙压力可达 40MPa。

岩石物性测量是在高温高压的岩石物性测定系统上完成的。该系统的压力控制包括围压控制和孔隙压力控制,围压用来模拟上覆地层重量引起的压力,孔隙压力模拟地层流体的压力。压力测定用 0.4 级的精密压力表标定,分辨率为 0.1MPa。孔隙压力通过流体从岩样的一端加入,从岩样的另一端同时观察,以确保孔隙压力在岩石样品内部达到平衡。

温度加热是采用高压容器外加热方式,尽可能使高压容器内温度场比较均匀。加温过程中采用热电偶进行监测,热电偶直接插入高压容器里测量围压流体的温度,并输出信号给温度

控制仪,控制加热功率,达到自动温度控制,温度控制精度为1℃。

实验中流体的注入和计量需要很高精度。岩芯样品的孔隙流体注入是在分离器中进行的。分离器分3部分:存放流体的前半部,与岩石样品的一个端面连通;分离器的后半部为传压液体(为纯净水),与一压力泵相连;中间为一隔离活塞。流体注入过程中,通过液压泵产生的压力推动活塞,把分离器前端的液体注入岩石样品中。向岩样注入流体(原油或盐水)过程中,流体从岩样一端注入,从另一端流出,结果是相当于改变岩石中某一流体相的饱和度。岩石完全充满流体的情况下,流体的注入量用流体的排出量计量,并以此计算岩样中某相流体的饱和度,如对饱油的样品注水,其注入水量用驱排出的原油量计算。排出流体的计量使用计量管进行,精度为0.05mL。

岩样的密封对实验有重要影响。实验之前,把置于高压容器中的岩石样品用一个耐高温橡胶套封包起来,使之与围压液体隔离。而岩样两端有专门的堵块,内含的声波传感器通过孔道与外相通。

岩石纵、横波速度测定采用超声脉冲透射法对样品进行测量。测量系统包括纵、横波声波传感器、方波脉冲发生接收器、数字储存示波器和计算机。声波传感器放置在样品两端,方波脉冲发生接收器相连,而方波脉冲发生接收器再与数字储存示波器相连,后者与计算机连接,由此构成一个完整的声波参数测定和分析系统。

岩石样品的纵波速度测量通过纵波传感器激发纵波和接收纵波来实现。岩石样品的横波速度测量通过横波传感器激发横波和接收横波来实现。纵波和横波的走时分别通过辨认接收到的波形中纵波和横波的到达(波形)时间来确定。声波走时为声波在样品和仪器系统中传播时间的总和,其中在仪器系统中传播的时间又称为系统基时,系统基时通过对标准材料金属铝进行标定来确定。根据样品的长度和超声波通过样品的时间,样品的波速按下面公式计算:

$$岩石波速 = 岩样长度/(声波走时 - 系统基时)$$

一般的声波速度测定是在控制的温度、压力和流体饱和度状态下原位进行的。典型的实验过程是:第一步把岩样用流体饱和,然后密封好放到高压容器中;第二步加少量的围压(如5MPa),通过孔隙流体通道向岩样中注入流体,同时将孔隙压力控制得比围压小(比如3MPa),同时增加围压和孔隙压力到预订的数值;第三步把岩样加温到储层状态,在加温过程保持围压和孔隙压力不变,当温度、压力、孔隙压力都达到预定值后,即可进行声波速度的测量,同时通过测量位移杆的变动来计算岩样长度变化。按照研究目的,分别改变孔隙压力、温度或流体的数值,让一个参量变化,而其他参量保持不变的新的控制状态下测量岩石样品声波速度。通过对岩样地震参数进行系列的实验测定,从而确定这些因素对岩石物理性质的影响效应。

利用该测量系统,测定岩石原位的波速和密度等物性参数,而其他各主要的物理参数的计算公式如下所示。

$$岩石波速(v_p 或 v_s) = 岩样长度/声波走时$$

$$岩石密度 \rho = 岩样重量 W/岩样体积 V$$

$$泊松比 PR = (v_p^2 - 2v_s^2)/[2(v_p^2 - v_s^2)]$$

$$岩石剪切模量 \mu = \rho v_s^2$$

$$岩石体积模量 K = \rho[v_p^2 - (4/3)v_s^2]$$

$$岩石杨氏模量 E = 3K(1-v)$$

波阻抗 $Z_p = \rho v_p$，$Z_s = \rho v_s$

3. 测量结果及其规律分析

1) 基本物性测量结果

采用饱和法测定了岩石样品的密度，用气体孔隙度仪测定了岩样的孔隙度。样品测量的密度、孔隙度和渗透率分布如图 2-3～图 2-5 所示。

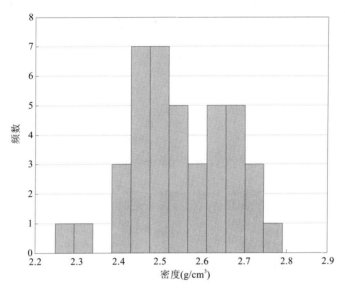

图 2-3　干岩石样品的密度分布图

可以看到干岩石的密度主要分布在 2.4～2.7g/cm³ 之间。

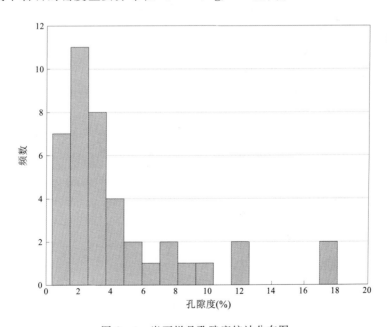

图 2-4　岩石样品孔隙度统计分布图

岩石孔隙度主要分布在 0.4%~6%,说明岩样的孔隙度变化不大。

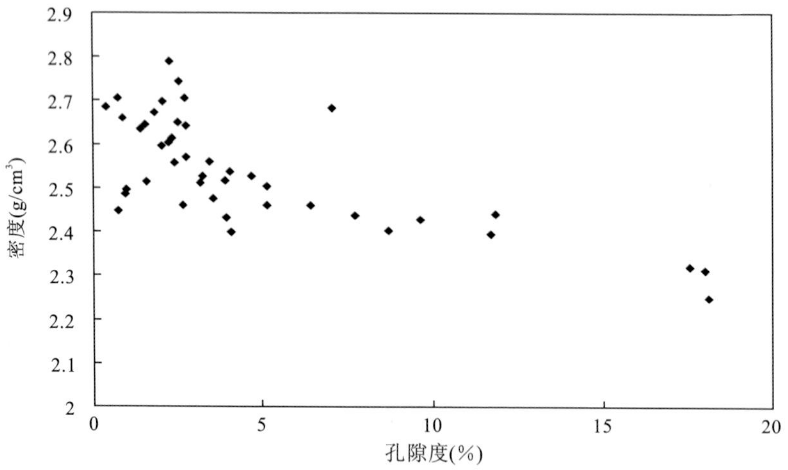

图 2-5 岩石样品孔隙度与密度的交会图

通过样品孔隙度与样品密度的交会分析(图 2-5)看到,岩石的孔隙度与其岩石密度有较好的线性相关性。

2)压力对岩石波速的影响规律

基于岩石样品岩石物理参数测量数据的基础上,统计分析围压和孔隙压力对岩石速度的影响。

影响岩石速度变化的压力包括上覆岩层重量引起的静压力(习惯称为围压)和地层的流体压力(或称为孔隙流体压力)。随着地层埋藏深度的增加,目的层上覆岩层的压力和地层的流体压力也随之增加,即不同的深度,目的层声波波速不同。

根据实验数据进行的统计分析结果说明,岩石纵波、横波速度是随围压增加而增加,而泊松比却随围压增加非线性减小。图 2-6~图 2-8 是常温下对 s41 号样品的测试,展示典型岩石样品的声波速度、泊松比等随围压变化数据曲线。

从图 2-6、图 2-7 可以看出,声波速度(包括纵波速度和横波速度)的变化特征是从低压

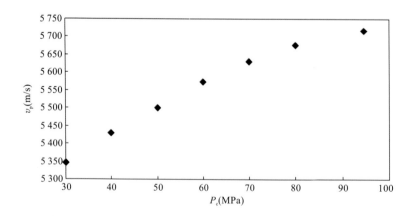

图 2-6 s41 号岩样纵波速度随围压变化规律

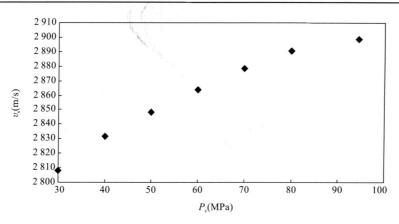

图 2-7　s41号岩样横波速度随围压变化规律

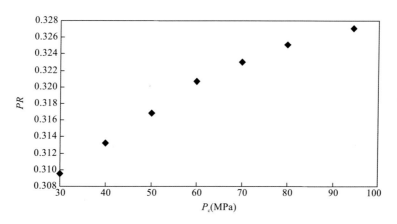

图 2-8　s41号岩样泊松比参数随围压变化规律

段的非线性逐步过渡到高压段的(近似)线性。这种现象产生的原因是,在压力值相对较小的压力段,压力增加引起的孔隙闭合效应显著,因此岩石的波速随压力增大而增加较快;在压力相对高的压力段,由于岩石的孔隙基本闭合,压力的增加引起的孔隙闭合效应很微弱,因此岩石波速随压力增大变化的幅度变小。从图 2-8可以看出,岩石泊松比随压力增大逐渐变小。

除了围压外,孔隙压力对波速变化具有如下的影响特征。在相同的围压条件下,孔隙流体压力作用是使纵横波速度减小。典型的流体作用特征如图 2-9和图 2-10所示。

图 2-9中,干岩石纵波速度对应于没有流体压力时的情况,当加上流体压力(20MPa)后(如图中注入气体的情形),可以明显地看到波形向右边移动,即走时增大,纵波速度变小。但是当注入水(20MPa)后,我们发现速度变大,甚至比干岩石大。怎么了解这种变化呢?我们的解释是,注入水的情况实际包含有两种效应,其一是流体压力是波速变小的效应,其二是流体的效应,高压的水比气体具有更高的体积模量,使岩石整体体积模量增大,因而水替换气体后,岩石纵波速度应该是增加的。图中注水效应是上述两种效应叠加的结果。显然,流体替换(气变为水)使纵波速度增加的效应大于流体压力使纵波速度减小的效应,总的结果是纵波速度增加了(比干岩石的纵波速度都要大)。在做上述分析中,我们把注入气体的效应近似看作仅为流体压力效应,因为气体的体积模量是足够小的。即对于干岩石,注入气体后,由于流体压力

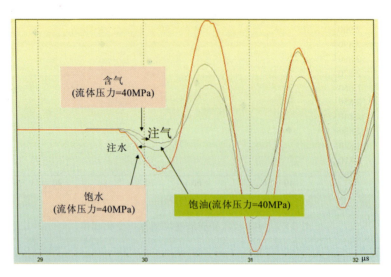

图 2-9 含有压力流体的样品纵波速度

效应,导致 v_p 变慢;再注入水,水提高了岩石刚度,导致 v_p 增加。

横波的情况和纵波有点不同。典型的结果如图 2-10 所示。

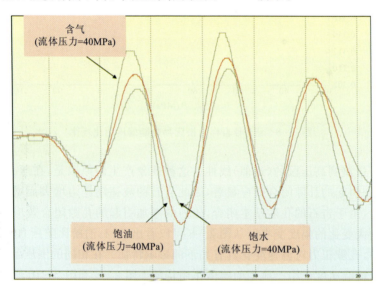

图 2-10 含有压力流体的样品横波速度

图 2-10 中,干岩石横波速度对应于没有流体压力时情况,当加上流体压力(20MPa)后(如图中注入气体的情形),可以明显地看到波形向右边移动,即走时增大,横波速度变小。当注入水(20MPa)后,发现速度进一步变慢。怎么理解这种现象？如同前面的分析,首先分析干岩石和注入气体岩石,这两者代表了流体压力导致横波速度减少的效应。对于注入水后,横波速度进一步减小,原因有两点：①流体(水)不能传递剪应力,因此流体的注入并不改变样品整体的剪切模量；②流体(水)注入,增加了岩石的密度。从基本的弹性理论可知,横波速度平方与密度成反比,因此注入水后横波速度进一步减小是密度增加的效应。即对于干岩石,注入气

体后,由于流体压力效应,导致 v_s 变慢;再注入水,由于密度增加的效应,导致 v_s 再略减小。

3)含不同流体岩石的岩石物理参数特征

(1)水-气系统岩石的岩石物理参数差异性分析。

为了说明含不同流体岩石的岩石物理参数特征,对岩石样品分别饱和不同流体——水、油和气,然后在储层稳压条件下进行岩石物理参数的测定。在岩石样品实验测定数据分析的基础上,总结了不同状态下岩石的敏感参数差异。

①v_p-v_s参数空间分布特征。图 2-11 中可以看出,饱水、饱油和含气的样品纵横波速度关系分别有不同的趋势线,饱水和饱油岩样的 v_p-v_s 关系趋势线在含气岩样数据的下方。

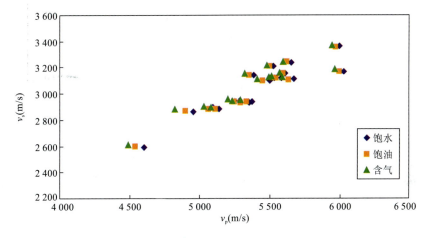

图 2-11　实验样品纵波速度与横波速度交会图

②v_p-PR 参数空间分布特征。图 2-12 中显示,含气样品泊松比 PR 参数之间差别比较小,饱水和饱油岩样的 PR 在含气岩样的上方。

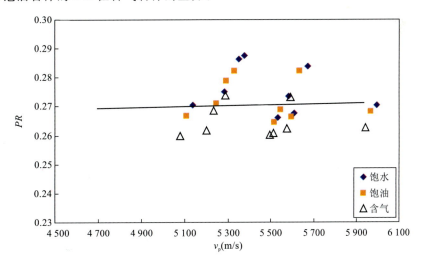

图 2-12　实验样品纵波速度与泊松比交会图

③v_p-v_p/v_s 参数空间分布特征。v_p-v_p/v_s 参数空间分布特征类似于 v_p-PR 参数空间分布特征,如图 2-13 所示。饱水和饱油岩样的 v_p/v_s 在含气岩样的上方。

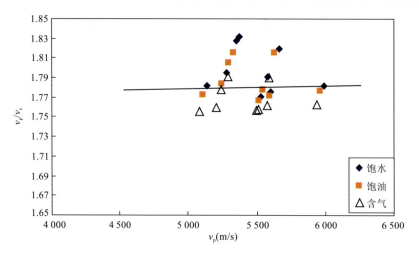

图 2-13　实验样品纵波速度与纵横波速度比交会图

④$Z_p - v_p/v_s$ 参数空间分布特征与 $v_p - PR$ 曲线一样，饱水和饱油岩样的 $Z_p - v_p/v_s$ 曲线也在含气岩样的上方，如图 2-14 所示。

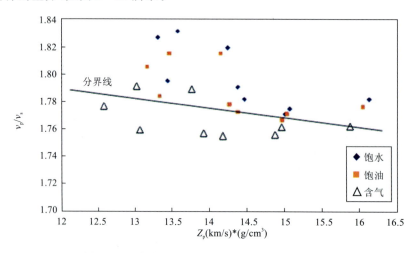

图 2-14　实验样品在 $Z_p - v_p/v_s$ 参数空间的特征

⑤$Z_p^2 - 2.15Z_s^2$ 与 v_p/v_s 参数空间分布特征如图 2-15 所示。饱水和饱油岩样的 $Z_p^2 - 2.15Z_s^2$ 与 v_p/v_s 曲线在含气岩样的上方。

⑥$\lambda - \mu$ 参数空间分布特征。图 2-16 中显示饱水和饱油岩样的 $v_p - PR$ 曲线在含气岩样的右方。

(2) 水替换气后样品纵横波速度的变化特征。

按照岩石物理理论，由于气体的模量很小，当岩石孔隙空间中气体完全替换水以后，可导致岩石纵波速度和密度减小。岩石纵波速度和密度减小的幅度依赖于岩石储存流体空间大小，岩石储存流体空间大小用孔隙度来表征。由于流体不能传播横波，即流体不能改变岩石的剪切模量，因此流体饱和度的变化对横波的影响主要是通过密度效应来实现的，因此流体的改变不会引起太大的横波速度改变。

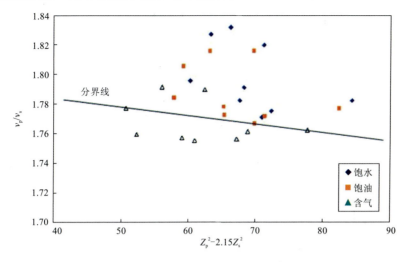

图 2-15　实验样品在 $Z_p^2 - 2.15 Z_s^2$ 与 v_p/v_s 参数空间的特征

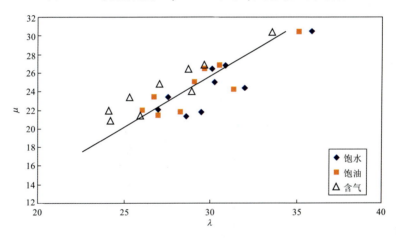

图 2-16　实验样品在 λ-μ 参数空间的特征

下面是实验观察到的饱水与含气两系统的岩石物理参数差异，如图 2-17、图 2-18 所示。

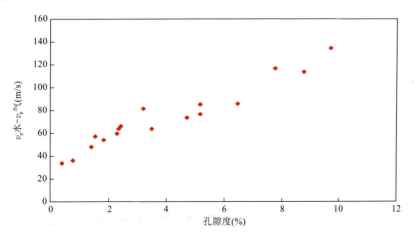

图 2-17　饱水与含气两系统的 v_p 差异

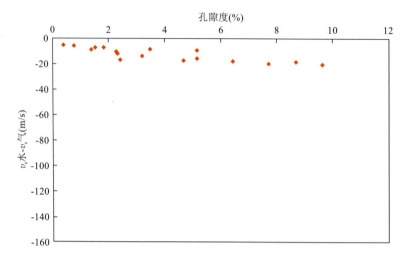

图 2-18 饱水与含气两系统的 v_s 差异

从图 2-17、图 2-18 可以看出,纵波速度对流体替换较为敏感,横波速度较为不敏感。水替换气体后,纵波速度增加,增加的量随孔隙度增大而变大。水替换气体后,横波速度减小,但变化幅度明显不如纵波速度。这种变化的规律符合前面讨论中分析过的物理机理。

(3)油-水系统岩石的岩石物理参数差异性分析。

按照岩石物理理论,油的可压缩性远大于气体,而与水有所接近。因此,当孔隙空间中油完全替换掉水后引起的系统变化应比气体替换掉水后引起的系统变化要小。同样,由于流体中横波不能传播(即流体不能改变岩石的剪切模量),因此孔隙空间不同流体饱和度的变化对横波速度的影响主要通过密度的变化来实现,可以期望流体性质的改变不会引起横波速度太大的改变。

下面是实验观察到的饱水与饱油两系统岩石物理参数的差异,如图 2-19、图 2-20 所示。

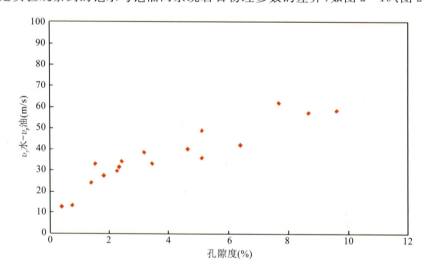

图 2-19 饱水与饱油两系统的 v_p 差异

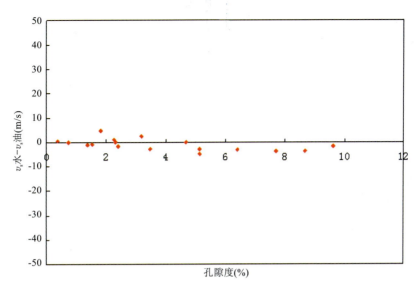

图 2-20 饱水与饱油两系统的 v_s 差异

4)不同岩石物理参数的流体敏感性分析

存在有众多的岩石物理参数,它们对流体的敏感性是不同的。下面有必要专门分析这个问题。

(1)岩石物理参数分类。

根据岩石物理原理(Biot,1956;Mavko et al.,1998)可知,影响岩石弹性参数的本质因素是固体介质及其结构、流体的耦合,不同的弹性参数对流体和形变的响应不同。

利用声波资料,以流体检测和岩性识别为目的,前人曾提出了如下 3 类参数。

第一类参数称为剪性参数,是一类对流体不敏感的参数。由于流体不传递剪应力,因此岩石的剪切模量对孔隙中流体不敏感,与剪切模量 G 有关的一类弹性参数(如横波速度 v_s、参数 μ(或 MuRho)、横波阻抗 Z_s 等)对岩石孔隙中流体的存以及含量变化都会不敏感。从形变的角度看,这些参数主要响应于畸变。不同岩石的剪性参数是不同的,因此,剪性参数有助于区分岩性。

第二类是体性参数,如体积模量 K、纵波速度 v_p、纵波阻抗 Z_p、λ(或 LambdaRho),反映了固体介质及其结构、流体的耦合。从形变的角度,这类参数对岩石的压缩性比较敏感。

第三类称为组合参数,是由不同弹性参数组合构造出的参数。组合参数是多种多样的,这里我们指由剪性参数与体性参数构造而成的组合参数,如 v_p/v_s、泊松比(本质上等价 v_p/v_s)、$(Z_p^2 - cZ_s^2)$、$[\lambda - c\mu(c$ 为常数$)]$。

作以上分类的目的就是指导我们利用最有效的物理参数对进行岩性和流体的识别。

根据前述的实验数据统计分析结果可以看出,P 型参数(v_p、Z_p、K、λ)对流体有明显的非线性响应,S 型参数(v_s、Z_s、G、μ)对流体响应不明显,特定的组合型参数(如 $\lambda - 0.15\mu$、$Z_p^2 - 2.15Z_s^2$、v_p/v_s、PR 等)对流体响应很明显。

(2)流体敏感参数的构造方法。

这里专门讨论一下一个如何构造对流体更为敏感的参数问题。

下面以组合参数 $\lambda-c\mu$ 为例说明构造岩性和流体识别敏感组合参数的构造方法。

按弹性理论，波速 v_p 和 v_s 可以表达成 λ 和 μ 等函数。

$$v_p = \sqrt{\frac{\lambda_{sat} + 2\mu}{\rho}} \tag{2-1}$$

$$v_s = \sqrt{\frac{\mu}{\rho}} \tag{2-2}$$

其中 λ 和 μ 等有如下关系：

$$\lambda_{sat} = \lambda_{dry} + \beta^2 M \tag{2-3}$$

上式说明，体性参数 λ 可表达为干岩石（下标 dry 标注的）参量和流体参量两部分的总合贡献，M 是与流体有关的参数。

纵、横波波阻抗为

$$Z_p = \rho v_p = \rho\sqrt{\frac{\lambda_{sat} + 2\mu}{\rho}} \tag{2-4}$$

$$Z_s = \rho v_s = \rho\sqrt{\frac{\mu}{\rho}} \tag{2-5}$$

同过选择最佳 c 值，使表达式（$Z_p^2 - cZ_s^2$）最大化地减少固体基质的影响，同时最大程度地反映流体的贡献，如下式：

$$Z_p^2 - cZ_s^2 = \rho[(\lambda + 2\mu) - c\mu] = \rho[(\lambda_{dry} + \beta^2 M + 2\mu) - c\mu] = \rho\beta^2 M \tag{2-6}$$

其中 c 应满足：

$$c = \frac{\lambda_{dry}}{\mu} + 2 = \frac{v_{p\,dry}^2}{v_{s\,dry}^2}$$

不同的研究者对 c 取值不同，如 2、2.233 和 1.333 等。考虑到纵横波速度比是随着岩性不同而变化的，为了使 c 有较好的适应性，让 $Z_p^2 - cZ_s^2$ 表现为正向的变化。参考实验数据（图 2-21），取 $v_p/v_s = 1.466$，计算出 $c = 2.15$。类似地，参数（$\lambda - c\mu$），当我们定义 $c = 0.15$ 时，可最大化地反映流体的贡献。

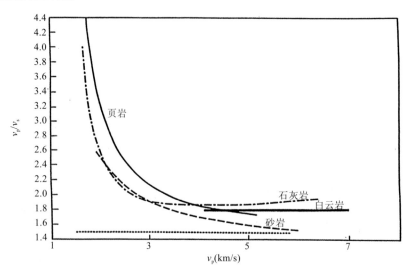

图 2-21　不同岩石的 v_p/v_s 特征（据 Han，1997）

(3) 不同岩石物理参数的流体敏感性分析。

对于两种流体组成的系统。以含水的样品为标尺,定义的流体敏感性参数:

$$FS = \frac{A_w - A_i}{A_w} \tag{2-7}$$

式中:A 为某岩石物理参数;下标 w 表示水;下标 i 表示一种流体状态。对于气水系统,下标 i 指示流体为气;对于油气系统,下标 i 指示流体为油。

FS 值一般在 0~1 之间。显然 FS 越大,则表明参数 A 对流体就越敏感。

下面按流体敏感性参数的概念对实验样品进行统计分析。

从图 2-22 中可看出,岩石纵波速度 v_p 主要集中在 4 500~6 000m/s。

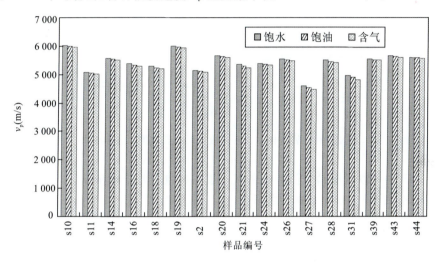

图 2-22 岩石样品含不同流体时纵波速度 v_p 统计

从图 2-23 中可以看出,岩石 v_p 的气水敏感参数主要分布在 0.010~0.015 之间,水油敏感参数主要分布在 0.001~0.010 之间。

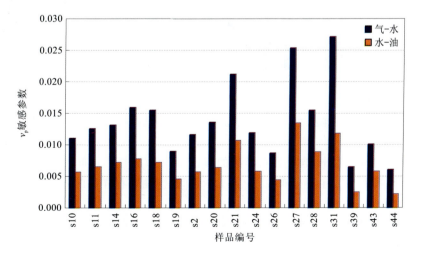

图 2-23 岩石样品 v_p 的流体敏感性参数分布

从图 2-24 中可以看出,含气岩石样品的弹性参数 v_p/v_s 主要在 1.70~1.80 之间,饱水岩石样品的弹性参数 v_p/v_s 主要在 1.75~1.85 之间,饱油岩石样品的弹性参数 v_p/v_s 主要在 1.72~1.8 之间。

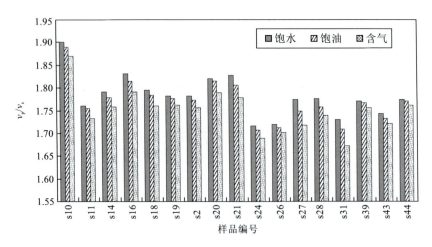

图 2-24　岩石样品含不同流体时纵波速度 v_p/v_s 统计

从图 2-25 中可以看出,岩石 v_p/v_s 的气水敏感参数主要分布在 0.012~0.022 之间,水油敏感参数主要分布在 0.002~0.015 之间。

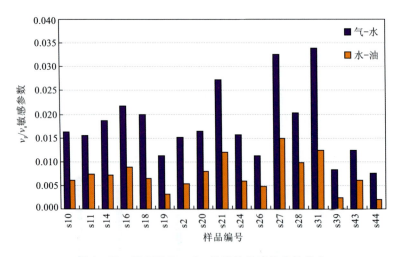

图 2-25　岩石样品 v_p/v_s 的流体敏感性参数分布

从图 2-26 中可以看出,含气岩石样品的弹性参数 λ/μ 主要分布在 0.8~1.2 之间,饱水岩石样品的弹性参数 λ/μ 主要分布在 1.0~1.4 之间,饱油岩石样品的弹性参数 λ/μ 主要分布在 0.9~1.3 之间。

从图 2-27 中可以看出,岩石样品的气水敏感参数主要分布在 0.005~0.015 之间,气油敏感参数主要分布在 0.003~0.010 之间。

从图 2-28 中可以看出,含气岩石样品的弹性参数 PR 主要分布在 0.22~0.27 之间,饱

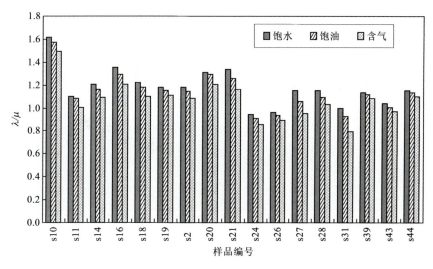

图 2-26 岩石样品含不同流体时 λ/μ 统计

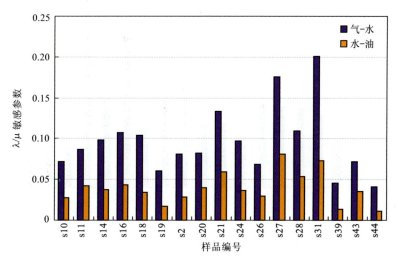

图 2-27 岩石样品 λ/μ 的流体敏感性参数分布

水岩石样品的弹性参数 PR 主要分布在 0.25～0.30 之间,饱油岩石样品的弹性参数 PR 主要分布在 0.24～0.29 之间。

从图 2-29 中可以看出,岩石样品的弹性参数 PR 气水敏感参数主要分布在 0.03～0.06 之间,气油敏感参数主要分布在 0.018～0.035 之间。

从图 2-30 中可以看出,含气岩石样品的弹性参数 K/μ 主要在 1.50～1.80 之间;饱水岩石样品的弹性参数 K/μ 主要在 1.70～2.10 之间,饱油岩石样品的弹性参数 K/μ 主要在 1.60～2.00 之间。

从图 2-31 中可以看出,岩石样品的弹性参数 K/μ 的气水敏感参数主要分布在 0.03～0.12 之间,气油敏感参数主要分布在 0.01～0.07 之间。

从图 2-32 中可以看出,含气岩石样品的弹性参数 $(\lambda-0.15\mu)$ 主要在 14～31 之间,饱水

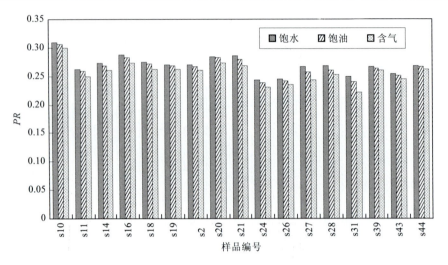

图 2-28 岩石样品含不同流体时 PR 统计

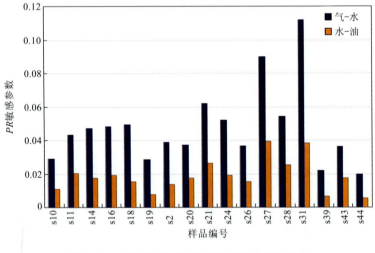

图 2-29 岩石样品 PR 的流体敏感性参数分布

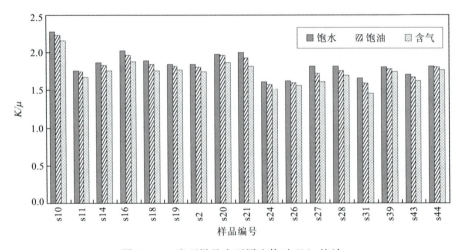

图 2-30 岩石样品含不同流体时 K/μ 统计

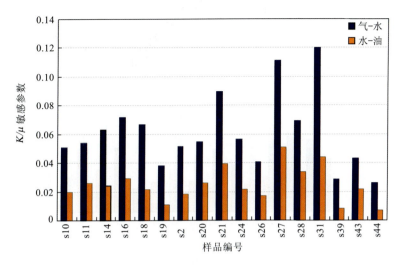

图 2-31 岩石样品 K/μ 的流体敏感性参数分布

岩石样品的弹性参数($\lambda-0.15\mu$)主要在 17~33 之间,饱油岩石样品的弹性参数($\lambda-0.15\mu$)主要在 16~32 之间。

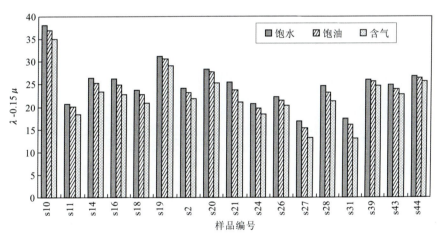

图 2-32 岩石样品含不同流体时 $\lambda-0.15\mu$ 统计

从图 2-33 中可以看出,岩石样品弹性参数($\lambda-0.15\mu$)的气水敏感参数主要分布在 0.04~0.25 之间,气油敏感参数主要分布在 0.03~0.16 之间。

从图 2-34 中可以看出,含气岩石样品的弹性参数($Z_p^2-2.15Z_s^2$)主要在 15~35 之间,饱水岩石样品的弹性参数($Z_p^2-2.15Z_s^2$)主要在 19~38 之间,饱油岩石样品的弹性参数($Z_p^2-2.15Z_s^2$)主要在 18~37 之间。

从图 2-35 中可以看出,岩石样品的弹性参数($Z_p^2-2.15Z_s^2$)的气水敏感参数主要分布在 0.05~0.2 之间,气油敏感参数主要分布在 0.04~0.15 之间。

在上述多种参数流体敏感性分析的基础上,对主要的组合参数的流体敏感性平均值比较分析,获得了以下结果(图 2-36)。

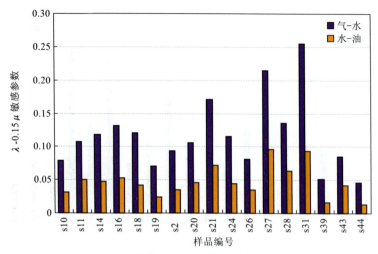

图 2-33 岩石样品 $\lambda-0.15\mu$ 的流体敏感性参数分布

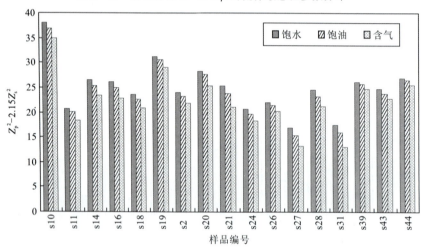

图 2-34 岩石样品含不同流体时 $Z_p^2-2.15Z_s^2$ 统计

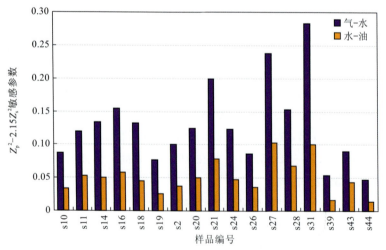

图 2-35 岩石样品的 $Z_p^2-2.15Z_s^2$ 流体敏感性参数分布

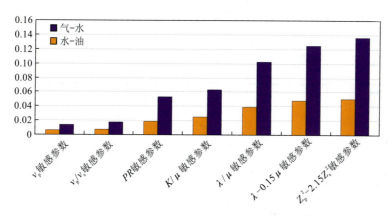

图 2-36　不同层位样品气-水敏感性参数统计

从图中看出，主要(组合)参数对流体的流体敏感程度按从大到小列队如下：

$$(Z_p^2-2.15Z_s^2)>(\lambda-0.15\mu)>\lambda/\mu> K/\mu>PR>v_p/v_s>v_p$$

5) 不同岩性岩芯岩石物理参数特征

在岩芯实验测定数据分析的基础上，总结岩性识别的区域性敏感参数。

由于实际问题的复杂性，单纯依赖于波速或波阻抗区分岩性往往是比较困难的，这里采用的双参数空间方法是分析岩性识别问题的一个新尝试。下面就分析了典型的不同岩性岩芯在双参数空间的分布特征。

(1) 不同岩性样品的 v_p-v_s 参数空间分布特征。

图 2-37 中数据点分布可看出，不同岩性岩石在 v_p-v_s 参数空间大致可区分：中粗砂岩和片麻岩有较高的速度，位于参数空间右上区域；泥岩和粉砂岩速度较低，位于参数空间左下区域。

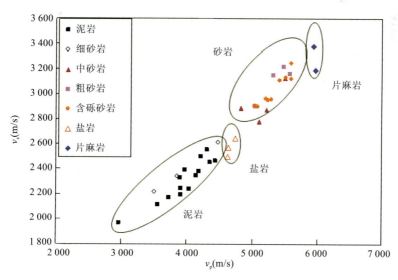

图 2-37　不同岩性样品在 v_p-v_s 参数空间的分布特征

(2) 不同岩性样品的 $\lambda-\mu$ 参数空间分布特征。

和 $v_p \sim v_s$ 参数空间一样,在 $\lambda-\mu$ 空间(图 2-38),中粗砂岩和片麻岩位于参数空间右上区域,泥岩和粉砂岩位于参数空间左下区域。

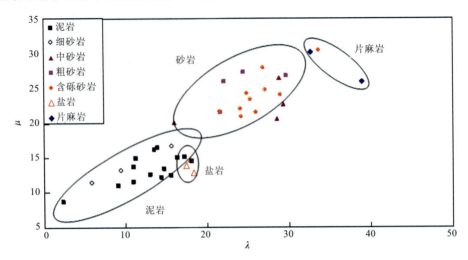

图 2-38 不同岩性样品在 $\lambda-\mu$ 参数空间的特征

(3) 不同岩性样品的 Z_p-Z_s 参数及 $K-\mu$ 参数空间分布特征

在 Z_p-Z_s 参数空间和 $K-\mu$ 参数空间(图 2-39,图 2-40),中粗砂岩和片麻岩也是位于参数空间右上区域,泥岩和粉砂岩位于参数空间左下区域。

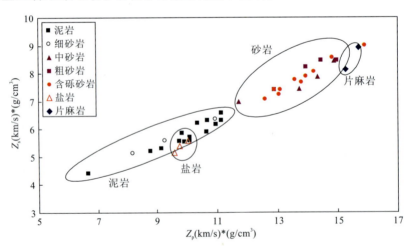

图 2-39 不同岩性岩石在 Z_p-Z_s 参数空间的特征

通过上述实验数据分析,可得到如下认识:

① 岩性差异是造成不同地区岩石物理参数特征不同的重要原因。本次研究的砂岩样品颗粒越细,速度也越低。

② 在特定双岩石物理参数空间,不同的岩性分布有一定的规律性。

③ 从原理看,双参数空间识别岩性的效果优于单一参数。传统使用的单参数 v_p/v_s 或 PR

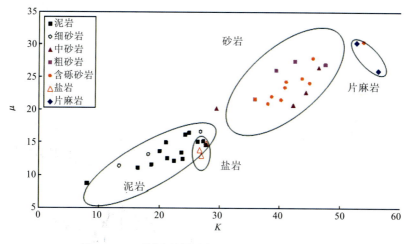

图 2-40　不同岩性样品在 K-μ 参数空间的特征

也可以作为岩性识别标准之一。

6)孔隙度对岩石物理参数的影响特征

孔隙度是岩石最主要的物性参数之一,本节主要分析孔隙度对岩样主要岩石物理参数的影响。

首先分析孔隙度与声波波速的关系。图 2-41 和图 2-42 是岩石波速与孔隙度交会图,可看出波速 v_p 和 v_s 都随孔隙度的增加而减小,不同的岩性形成不同的条带,而每类岩性的波速与孔隙度均呈线性关系。相同孔隙度条件下,颗粒较粗的中砂—粗砂岩速度高于泥岩。v_p 随孔隙度变化的趋势比 v_s 随孔隙度变化剧烈。

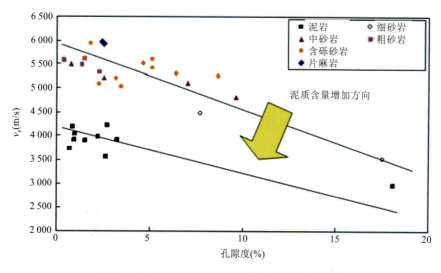

图 2-41　不同岩性岩石孔隙度与纵波速度关系

图 2-43 和图 2-44 是岩石波阻抗与孔隙度的交会图。和波速与孔隙度的关系相似,波阻抗 Z_p 和 Z_s 随孔隙度增加而减小,不同岩性分散形成了不同的近似线性相关性条带。颗粒较大的中砂—粗砂岩形成的条带位于上方,泥岩形成的条带位于下方。Z_p 随孔隙度变化趋势

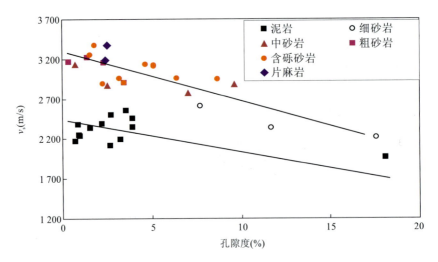

图 2-42 不同岩性岩石孔隙度与横波速度关系

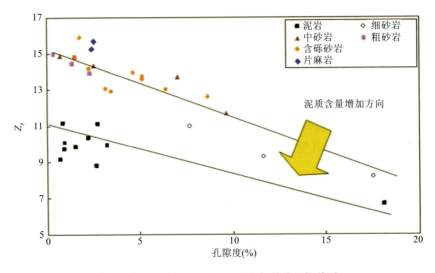

图 2-43 不同岩性岩石孔隙度与纵波阻抗关系

线的坡度陡于 Z_s 随孔隙度变化的坡度。

图 2-45、图 2-46 是岩石的拉梅参数与孔隙度的交会图。物理意义上，λ 代表了岩石的抗压缩能力，μ 参数代表了岩石的抗剪切变形能力。从图中看出，λ 参数随着孔隙度增大而减小，说明孔隙越大，岩石越容易被压缩；与 λ 参数变化规律类似，μ 参数同样是随孔隙度增大而减小。

总的来说，孔隙度变化使岩石物理参数发生改变，不同的岩性的变化特征不同。孔隙度对岩石物理参数的影响可归纳为如下两点：①岩石物性（孔隙度）对岩石物理参数有明显的影响作用；②孔隙度效应受岩性控制。

7）实验样品的纵波速度与密度关系

一般地，岩石的波速随密度增加而增大。一些研究者曾试图建立两者的关系，最著名的是

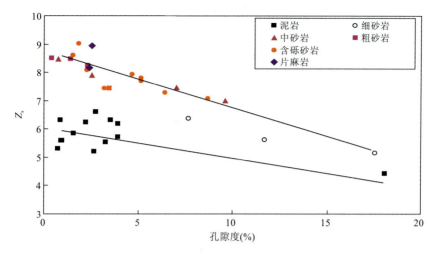

图 2-44 不同岩性岩石孔隙度与横波阻抗关系

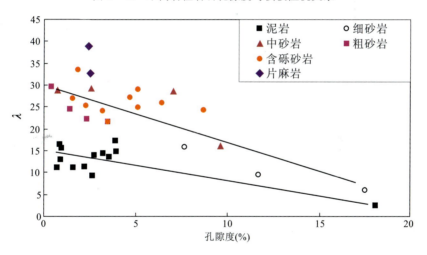

图 2-45 不同岩性岩石孔隙度与 λ 关系图

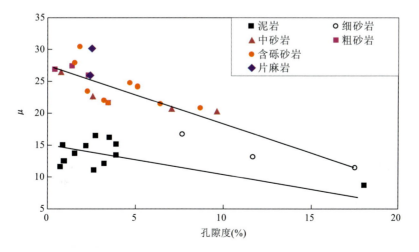

图 2-46 不同岩性岩石孔隙度与 μ 关系图

Gardner(1974)提出的关系式,它是大量的多种岩石的平均纵波波速 v_p 与密度 ρ 拟合结果。

$$\rho = 1.741\, v_p^{0.25} \tag{2-8}$$

本次实验数据的纵波速度与密度数据交会结果如图 2-47 所示,Gardner(1974)关系也叠加在图 2-47 中。从图 2-47 的数据分布看出,除岩盐数据外,其他岩性数据分布在 Gardner 曲线附近。

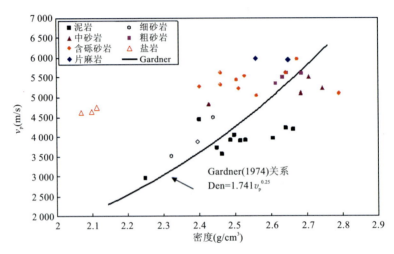

图 2-47 岩芯样品纵波速度与密度交会图

4. 岩石物理特征和认识

(1)流体对波速影响的特点是:

$$v_p(饱水) > v_p(饱油) > v_p(饱和气,有流体压力)$$

$$v_s(饱气) > v_s(饱油) > (\sim) v_s(饱水)$$

(2)流体差异导致的纵波速度变化随孔隙度增大而有规律地变大,其中含气与饱水样品的纵波速度差值明显大于饱油与饱水样品的纵波速度差值,横波对流体变化不敏感。

(3)在特定的双参数(如 $Z_p - v_p/v_s$)空间,含不同流体的样品有一定的分布特征和规律。

(4)统计分析表明,典型的岩石物理参数对流体敏感程度是(从大到小):

$$(Z_p^2 - 2.15 Z_s^2) > (\lambda - 0.15\mu) > \lambda/\mu > K/\mu > PR > v_p/v_s > v_p$$

(5)在特定的双岩石物理参数空间,可以看到不同的岩性样品大致分布在不同的区域,对于碎屑岩,样品颗粒越细,速度也越低。

(6)孔隙度对波速等岩石物理参数的影响明显受到岩性的控制。

(7)围压(埋深)导致样品的纵横波速度增加,密度与纵波的关系大致符合 Gardner 公式。

二、正演模拟特征

1. 正演模拟关键技术

1)地震正演原理

正演是假设地下地质情况为已知,以传统的均匀介质或层状介质理论为基础,计算出所给地质模型的地震响应。通过建立已知的地震地质模型进行地震正演,能够帮助人们直观地认识地震波在地层中的传播规律,认识地质构造及油气藏的地震响应,从而指导地震数据的采集、处理和解释。

研究地震波传播规律的理论方法基本分为两类:一类是射线方法;另一类是波动方程方法。射线理论的优点是计算速度快,所得地震波的传播时间比较准确,但是计算结果很难保持动力学特征,对复杂的地质构造会出现盲区;而波动方程方法,基于连续介质模型,利用连续介质弹性力学原理建立波动方程,模拟地震波传播规律。

基于声波的波动方程有限差分方法理论和数值频散校正及边界条件处理,对砂砾岩体模型进行叠前、叠后正演模拟,得到叠前时间、深度偏移剖面,所得结果如果与实际资料不吻合则返回,重新修改速度模型。

2)正演模拟关键技术

(1)声波方程高阶有限差分。

用声波方程或弹性波方程进行有限差分法正演模拟,给出高阶差分格式:

设函数 $u(x)$ 具有 $2(k+1)$ 阶导数,对于函数 $u(x \pm n\Delta x)$,将其展开成 Taylor 级数的表达式,当 $n=1,2,3,\cdots$ 时,分别有

$$u(x+\Delta x) = u(x) + \frac{\partial u}{\partial x}\Delta x + \frac{1}{2!}\frac{\partial^2 u}{\partial x^2}(\Delta x)^2 + \frac{1}{3!}\frac{\partial^3 u}{\partial x^3}(\Delta x)^3 + \cdots$$
$$+ \frac{1}{M!}\frac{\partial^M u}{\partial x^M}(\Delta x)^M + \cdots \quad (2-9)$$

$$u(x-\Delta x) = u(x) - \frac{\partial u}{\partial x}\Delta x + \frac{1}{2!}\frac{\partial^2 u}{\partial x^2}(\Delta x)^2 - \frac{1}{3!}\frac{\partial^3 u}{\partial x^3}(\Delta x)^3 + \cdots$$
$$+ \frac{1}{M!}\frac{\partial^M u}{\partial x^M}(\Delta x)^M + \cdots \quad (2-10)$$

最终得到如下方程组

$$\begin{cases} \frac{1}{2!}a_1 + \frac{1}{4!}a_2 + \cdots + \frac{1}{M!}a_{\frac{M}{2}} = f_1 \\ \frac{2^2}{2!}a_1 + \frac{2^4}{4!}a_2 + \cdots + \frac{2^M}{M!}a_{\frac{M}{2}} = f_2 \\ \vdots \\ \frac{\left(\frac{M}{2}\right)^2}{2!}a_1 + \frac{\left(\frac{M}{2}\right)^4}{4!}a_2 + \cdots + \frac{\left(\frac{M}{2}\right)^M}{M!}a_{\frac{M}{2}} = f_{\frac{M}{2}} \end{cases} \quad (2-11)$$

写成矩阵形式为:

$$\begin{bmatrix} \frac{1}{2!} & \frac{1}{4!} & \cdots & \frac{1}{M!} \\ \frac{2^2}{2!} & \frac{2^4}{4!} & \cdots & \frac{2^M}{M!} \\ \vdots & \vdots & \vdots & \vdots \\ \frac{\left(\frac{M}{2}\right)^2}{2!} & \frac{\left(\frac{M}{2}\right)^4}{4!} & \cdots & \frac{\left(\frac{M}{2}\right)^M}{M!} \end{bmatrix} \begin{bmatrix} a_1 \\ a_2 \\ \vdots \\ a_{\frac{M}{2}} \end{bmatrix} = \begin{bmatrix} f_1 \\ f_2 \\ \vdots \\ f_{\frac{M}{2}} \end{bmatrix} \quad (2-12)$$

令

$$A = \begin{bmatrix} \dfrac{1}{2!} & \dfrac{1}{4!} & \cdots & \dfrac{1}{M!} \\ \dfrac{2^2}{2!} & \dfrac{2^4}{4!} & \cdots & \dfrac{2^M}{M!} \\ \vdots & \vdots & \vdots & \vdots \\ \dfrac{\left(\dfrac{M}{2}\right)^2}{2!} & \dfrac{\left(\dfrac{M}{2}\right)^4}{4!} & \cdots & \dfrac{\left(\dfrac{M}{2}\right)^M}{M!} \end{bmatrix} \qquad (2-13)$$

求出 A 的逆矩阵，即可得到 $a_1, a_2, \cdots, a_{\frac{M}{2}}$，即求 $\dfrac{\partial^2 u}{\partial x^2}\Delta x^2$，因此存在下式

$$2\dfrac{\partial^2 u}{\partial x^2}\Delta x^2 = \omega_0 u(x) + \sum_{m=1}^{\frac{M}{2}} \omega_m [u(x+m\Delta x) + u(x-m\Delta x)] + O(\Delta x^M) \qquad (2-14)$$

模型试算：均匀介质，计算区域为 3 000m×3 000m，v＝3 000m/s，密度为常数；震源为 ricker 子波，位于中央，时间步长为 1ms。图 2-48 为规则网格不同空间间距的十阶差分声波方程模拟地震波场的瞬时快照，随着空间间距的增大频散越严重，效果越差，故选取合适的空间网格间距才能取得较好的效果。

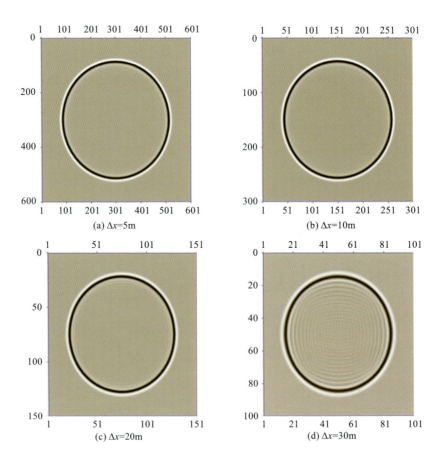

图 2-48 不同空间间距的瞬时快照（t＝400ms）

图 2-49 为规则网格不同精度声波方程数值模拟的地震波场快照($t=400\text{ms}$),随着阶数的增加,模拟效果越来越好,故选取高阶差分进行数值模拟能取得较好的效果。

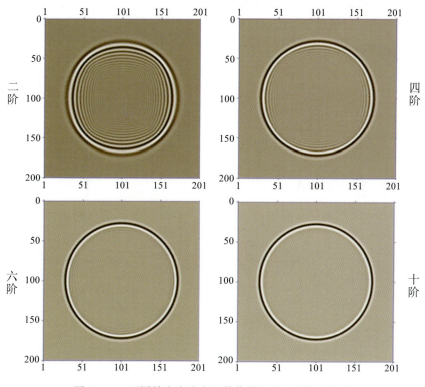

图 2-49 不同精度声波方程数值模拟的地震波场快照

(2)交错网格技术。

为了在不过分延长运算时间的条件下,较大程度地提高模拟精度,数值模拟专家在差分网格的划分上作了大量的工作,其发展历程为均匀网格—变网格—交错网格—旋转交错网格。

在交错网格技术中,变量的导数是在相应的变量网格点之间的半程上计算的。为此,用下式计算一阶空间导数。

由于交错网格一阶导数 $2L$ 阶精度差分近似式可表示为

$$\Delta x \frac{\partial u(x)}{\partial x} = \sum_{m=1}^{L} a_m \left\{ u\left[x_0 + \frac{2m-1}{2}\Delta x\right] - u\left[x_0 - \frac{2m-1}{2}\Delta x\right] \right\} + O(\Delta x^{2L})$$

(3)完全匹配层吸收边界(PML)。

在波动方程有限差分波场数值模拟中,一个不可避免的问题是如何解决由计算网格的边界所引起的人为边界反射能量,这些来自边界的人为反射扭曲了波在无限介质中传播的真实性,因此为了解决边界反射问题,几十年来,人们提出了许多不同边界波场的计算方法。

声波方程完全匹配层吸收边界,其基本思想是在所研究区域的边界上引入吸收层,波由研究区域边界传到吸收层时不产生任何反射,在吸收层内按传播距离的指数规律衰减,不产生反射,从而达到吸收边界的效果。下面我们就简单地介绍一下此边界条件的思路。

二维标量波动方程在时间域的表达式为

$$\frac{\partial^2 u(x,z,t)}{\partial x^2} + \frac{\partial^2 u(x,z,t)}{\partial z^2} = \frac{1}{v^2(x,z)} \frac{\partial^2 u(x,z,t)}{\partial t^2} \tag{2-15}$$

式中:$u(x,z,t)$是位移函数;$v(x,z)$是介质的速度。

于是,可以得到相应的完全匹配层控制方程

$$u = u_1 + u_2 \tag{2-16}$$

$$\frac{\partial u_1}{\partial t} + d(x)u_1 = v^2(x,z) \frac{\partial A_1}{\partial x} \tag{2-17}$$

$$\frac{\partial u_2}{\partial t} + d(x)u_2 = v^2(x,z) \frac{\partial A_2}{\partial z} \tag{2-18}$$

$$\frac{\partial A_1}{\partial t} + d(x)A_1 = \frac{\partial u_1}{x} + \frac{\partial u_2}{\partial x} \tag{2-19}$$

$$\frac{\partial A_2}{\partial t} + d(z)A_2 = \frac{\partial u_1}{\partial z} + \frac{\partial u_2}{\partial z} \tag{2-20}$$

式(2-16)~式(2-20)的解是衰减的,$d_1(x)$和$d_2(z)$分别为 x 方向和 z 方向的衰减系数,选择其为

$$d_1(x) = \begin{cases} -\frac{V_{\max} \ln\alpha}{L} \left[a \frac{x_i}{L} + b \left(\frac{x_i}{L} \right)^2 \right] & \text{匹配层区域} \\ 0 & \text{非匹配层区域} \end{cases}$$

$$d_2(z) = \begin{cases} -\frac{V_{\max} \ln\alpha}{L} \left[a \frac{z_i}{L} + b \left(\frac{z_i}{L} \right)^2 \right] & \text{匹配层区域} \\ 0 & \text{非匹配层区域} \end{cases}$$

式中:x_i 为到匹配层区域与内部区域界面的地横向距离;z_i 为到匹配层区域与内部区域界面的纵向距离;$V_{\max}$ 为最大的纵波速度值;L 为匹配层宽度;$\alpha=10^{-6}$;系数 $a=0.25$;$b=0.75$。

完全匹配层法边界条件的效果分析:图 2-50 为利用不同边界处理方法得到的在 560ms 时的波场快照,对比表明完全匹配层边界能完全消除人为边界带来的边界反射,取得了较好的模拟效果。

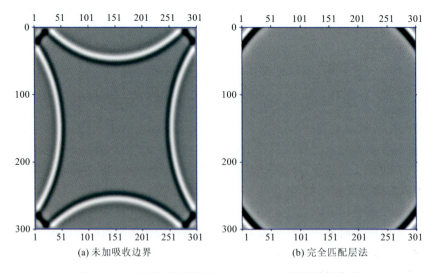

图 2-50 不同边界处理方法在 $t=560$ms 时的波场快照

(4)频散校正——通量传输校正方法(FCT)。

FCT方法是基于守恒型方程的差分格式。守恒型差分格式满足物理量守恒定律,这种格式可用控制体积法直接从物理守恒定律构造,也可以从散度型偏微分方程构造,在构造这种差分格式时,要求网格间交界面处守恒物理量的通量互相抵消,即交界面两侧一边流入和另一边流出的通量相等。FCT方法的本质是对色散输运格式施加一个扩散项,使之能平滑通过冲击波区或流场陡变区且无数值振荡。反扩散计算则使得扩散误差得到补偿,然而在冲击波区或流场陡变区,它却引起了振荡,这是因为反扩散之后出现了新的极值。采用限制反扩散通量条件后,消除了新极值,也消除了振荡,获得了稳定解,如图2-51所示。

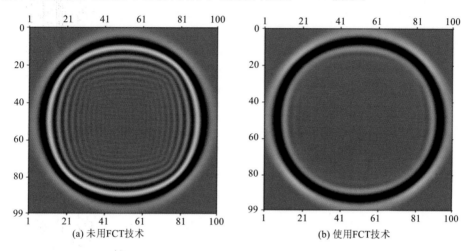

图2-51 $t=300$ms处声波方程的波场快照对比

2. 陡坡带砂砾岩体模型建立

通过收集东营凹陷北部陡坡带多口井的速度资料,建立每口井的地层速度岩性简表,揭示每口井各层段的砂砾岩速度及泥岩夹层速度,为建立地震地质模型提供速度依据。

表2-1为盐22井的速度岩性简表,该井位于陡坡带陈南断层下降盘根部,主要揭示沿断层根部分布的水下扇,录井资料显示,井区的砂砾岩体主要集中在沙四段地层中,该井无膏盐岩揭示。速度资料显示,2 900m深时含砾砂岩的速度为4 000m/s;3 300m深时含砾砂岩的速度可达到4 800m/s。其与顶底泥岩速度差500~1 000m/s,明显高于泥岩的砂砾岩体其边界处应该有较强的地震反射特征。

东营凹陷北部综合录井的岩性信息和测井声波时差资料研究表明,砂砾岩体与顶底泥岩之间有相当大的速度差异。利用目的井资料的声波时差曲线计算出砂砾岩体模型中各套砂岩、泥岩所对应的速度,纵向上揭示目的层段的砂砾岩体速度由浅至深变化较大,大约集中于4 000~5 000m之间;泥岩速度相对较小,在3 500~4 000m之间。速度均随着埋深的增加而增大,同时这种砂岩与泥岩的差异性也有所增加。

在上述速度、岩性分析的基础上,借助重点探井的速度数据制作了合成地震记录进行层位标定,并以地震地层学的地震相分析为依据建立了4个二维地震地质模型。

表 2-1 盐 22 井速度岩性分析简表

层段	深度(m)	主要岩性	平均速度(m/s)
Es_1	1 500～1 535	泥岩砂质泥岩夹含砾砂岩	2 870
Es_2	1 534～1 608	含砾砂岩与泥岩砂质泥岩不等厚互层	2 400
$Es_3^{上}$	1 607～1 743	含砾砂岩夹薄层泥岩、砂质泥岩	2 700
$Es_3^{中上}$	1 742～2 094	泥岩夹薄层砂质泥岩	2 520
$Es_3^{中下}$	2 093～2 369	泥岩夹薄层灰质泥岩	2 800
$Es_3^{下}$	2 368～2 555	泥岩、灰质泥岩、油页岩	2 870
Es_4	2 554～2 883	泥岩,灰质泥岩上部见数层油页岩	3 090
	2 882～2 894	含砾砂岩	4 020
	2 893～3 096	泥岩、灰质泥岩夹薄层含砾砂岩	3 570
	3 095～3 113	砾岩、含砾砂岩	4 740
	3 112～3 122	泥岩	3 900
	3 121～3 131	砾岩	4 570
	3 130～3 141	泥岩、灰质泥岩	4 060
	3 140～3 159	含砾砂岩	4 600
	3 158～3 197	砾岩、含砾砂岩泥岩、灰质泥岩薄互层	4 200
	3 198～3 230	含砾砂岩	4 540
	3 229～3 235	含砾砂岩、泥岩薄互层	3 900
	3 234～3 270	含砾砂岩段	4 680
	3 269～3 272	灰质泥岩	3 820
	3 271～3 286	含砾砂岩	5 030
	3 285～3 291	砾岩、泥岩薄互层	4 060
	3 290～3 308	含砾砂岩、砾岩	5 000

3. 模型正演与地震响应特征分析

1)丰深 2—丰深 1—盐 22—盐 16 地质模型

图 2-52 为过丰深 2—丰深 1—盐 22—盐 16 井的连井地震剖面,纵向叠置的 12 期砂体在剖面上较为清晰,其中砂体的前端顶或底大多有较明显的强反射特征,表明砂体的尖灭;盐下的砂体其形态特征较为清晰,内部表现为杂乱或无反射,与膏盐岩接触的界面上反射较弱。通过正演模拟,进一步落实边界附近砂体叠置的期次性及盐间、盐下砂砾岩体的反射特征。

根据上述剖面结合录井岩性、测井声波时差资料获得时间域地震地质模型,如图 2-53

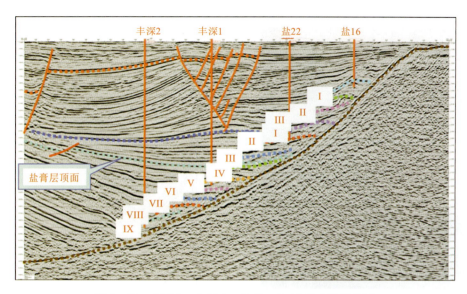

图 2-52　丰深 2—丰深 1—盐 22—盐 16 连井地震剖面

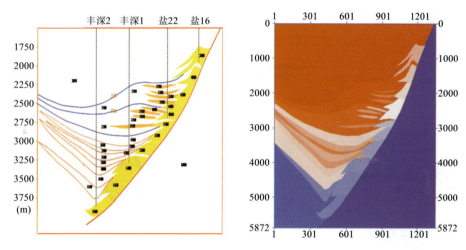

图 2-53　丰深 2—丰深 1—盐 22—盐 16 解释模型（左）和建立地质模型（右）

所示。

  以上述模型深度域速度模型作为正演模拟的基础，图 2-54～图 2-57 为针对上述模型正演模拟过程中部分结果，正演采用中间放炮、301 道接收、道间距 20m、炮间距 40m 的观测系统。

  图 2-58 为该模型正演模拟后得到的叠前深度偏移剖面，第二套膏盐岩与下伏砂砾岩体的接触面上反射较弱，这与膏盐岩与其下砂砾岩体速度差异较小有关。

  从上述成像结果对比分析得到，中深层的砂砾岩体内部缺乏明显的反射层，但前端顶底均有较强的反射，砂体的范围、在断层根部的分布及向湖盆的延伸均有较好的地震响应，期次的特征也较为清晰，膏盐岩的顶底反射特征清晰，形态特征上可分辨，但深层砂砾岩内部反射较差。

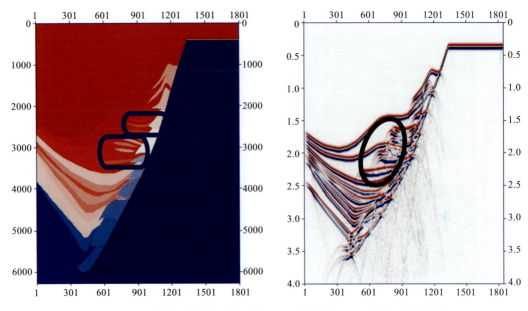

图 2-54　砂砾岩体速度模型(左)和20Hz、道间距20m正演叠后剖面(右)

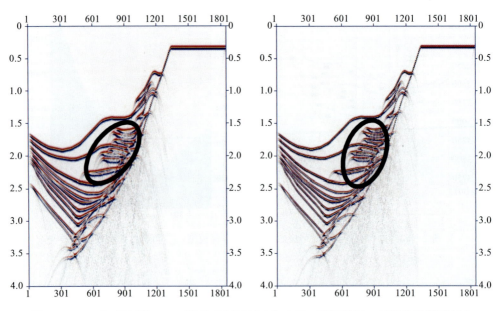

图 2-55　30Hz、道间距20m正演叠后剖面(左)和40Hz、道间距20m正演叠后剖面(右)

2)坨148—坨152—坨765—坨更76—坨182—坨125—坨75—陈151地质模型

此为近南北向地震剖面,胜北断层活动贯穿沙三、沙四段,对构造和沉积起到很重要的控制作用,使上升盘和下降盘沉积和构造特征相差较大。上升盘砂砾岩体发育较为广泛,多期叠置,扇体根部反射杂乱或无反射,但砂体的前端、顶或底大多有较明显的强反射特征;下降盘砂砾岩体储层比上升盘少,反射特征类似,也是根部反射杂乱,前端、顶或底大多有较明显的强反射特征,向湖盆方向强同相轴明显减弱,表明砂体的尖灭,但由于下降盘湖水较深,环境稳定,

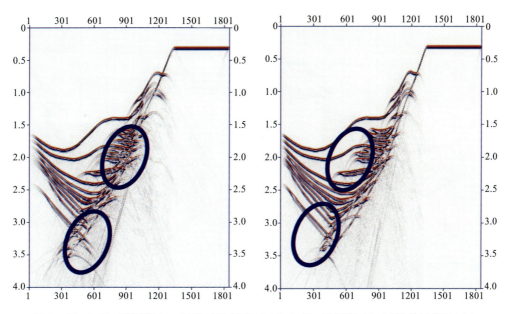

图 2-56　40Hz、道间距 10m 正演叠后剖面（左）和 40Hz、道间距 15m 正演叠后剖面（右）

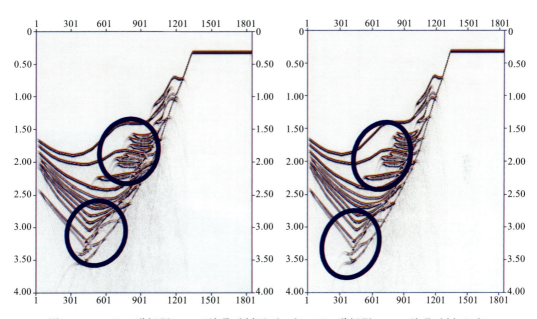

图 2-57　40Hz、道间距 20m 正演叠后剖面（左）和 40Hz、道间距 25m 正演叠后剖面（右）

因此地层成层性好，只是各期砂砾岩体之间难以辨别。

建立该模型的主要目的：通过正演模拟，进一步落实叠置砂体的期次性及砂砾岩体的反射特征。坨 148—坨 152—坨 765—坨更 76—坨 182—坨 125—坨 75—陈 151 连井地震剖面，建立地质模型如图 2-59 所示。

采用中间放炮的激发方式，301 道接收，道间距 20m、炮间距 40m。图 2-60 为基于上述模型正演模拟数据得到的叠加剖面和叠前时间偏移剖面。图 2-61 为叠前深度偏移剖面。

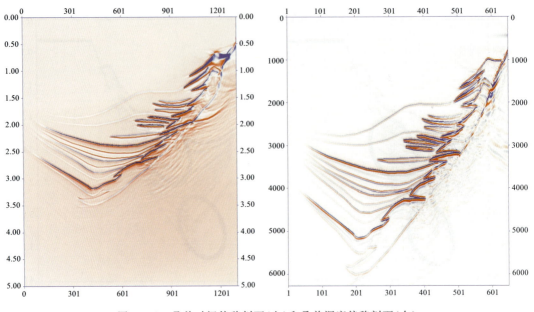

图 2-58 叠前时间偏移剖面(左)和叠前深度偏移剖面(右)

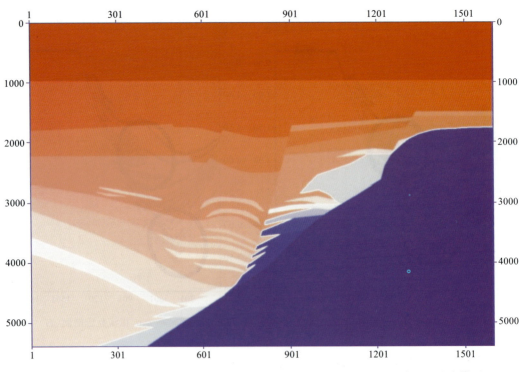

图 2-59 坨 148—坨 152—坨 765—坨更 76—坨 182—坨 125—坨 75—陈 151 速度模型

对比上述成像结果,膏盐岩顶底与泥岩接触界面反射振幅较强,与砂砾岩接触的界面因两者的速度差异较小,反射振幅较弱;砂砾岩体前端与泥岩的接触界面也较为清晰(如各砂层的顶或底面),期次特征明显。盐下及盐间的砂砾岩体成像也比较清晰。

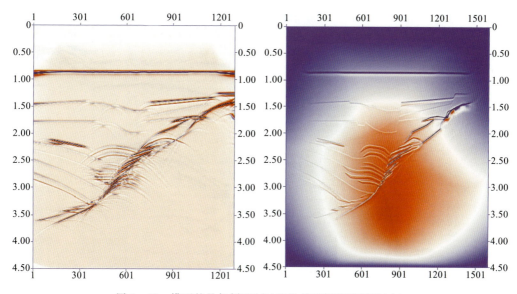

图 2-60　模型的叠加剖面（左）和叠前时间偏移剖面（右）

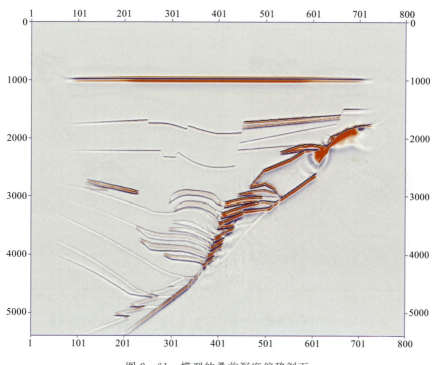

图 2-61　模型的叠前深度偏移剖面

3) 郑 415—利 371—利 851—利 92—利 882 地震地质模型

通过郑 415—利 371—利 851—利 92—利 882 连井地震剖面建立地质模型如下：
采用中间放炮的激发方式，301 道接收，道间距 20m，炮间距 40m。获得了基于正演模拟数据处理得到的叠加剖面、叠前时间偏移剖面和叠前深度偏移剖面如图 2-62～图 2-63 所示。

对比上述成像结果，盐下深部位的砂体反射特征不很清晰，但形态、轮廓、范围等特征相似；

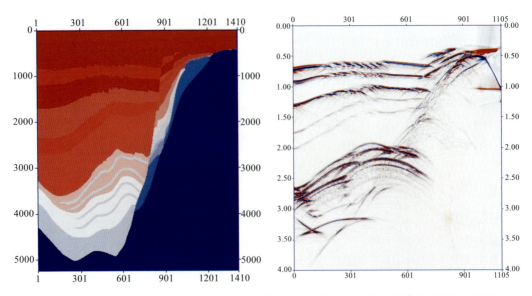

图 2-62　郑 415—利 371—利 851—利 92—利 882 速度模型(左)及速度模型正演叠加剖面

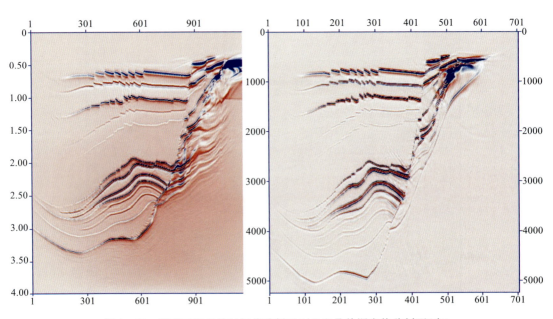

图 2-63　模型正演叠前时间偏移剖面(左)和叠前深度偏移剖面(右)

断层边界的砂砾岩体期次清晰,同相轴的分叉合并及波形的变化可以用来确立砂体的边界。

4)坨 764—坨 769—盐 21—盐 222—永 928—永 929 地质模型

近东西向连井地震剖面,沟-梁特征明显,砂砾岩体发育及成藏特征清晰,断层上升盘离基底大断层较近,未钻遇膏盐层,但砂砾岩体极为发育,为多期近岸水下扇叠合。单个扇体东西展布规模较小,同期扇体东西展布范围较大;上下不同期次扇体油水界面不同,成藏复杂。下降盘由于胜北断层的影响,砂砾岩体滑塌较远,但受断层影响,只发育部分期次砂砾岩体,且规模较小,但由于埋藏于暗色泥岩中,所以成藏条件非常有利,其中坨 764、坨 769 钻遇膏盐层顶端。

建立该模型的目的:落实胜坨-盐家地区砂砾岩体纵向期次、横向展布和砂砾岩体反射特征。综合坨764—坨769—盐21—盐222—永928—永929连井地震剖面,以及测井信息合成地震记录最终得到地质模型如图2-64所示。

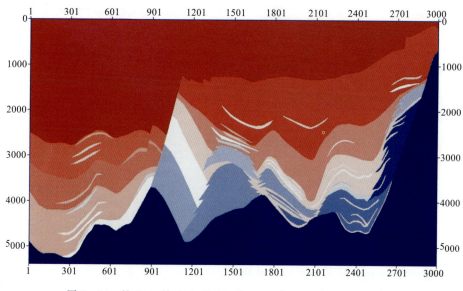

图2-64 坨764-坨769-盐21-盐222-永928-永929速度模型

采用中间放炮的激发方式,301道接收,道间距20m、炮间距40m,主频40Hz。获得了基于正演模拟数据处理得到的叠加剖面、叠前时间偏移剖面和叠前深度偏移剖面如图2-65、图2-66所示。

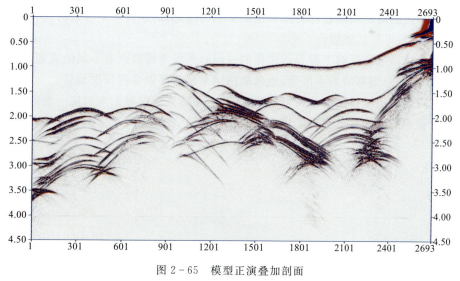

图2-65 模型正演叠加剖面

4. 正演特征和认识

(1)基于声波和弹性波理论,开展地震数值模拟研究,对落实陡坡带砂体的期次、分布及反射特征有很好的指导作用;断层边界附近扇体的期次、分布在实际地震剖面上可以根据波形的

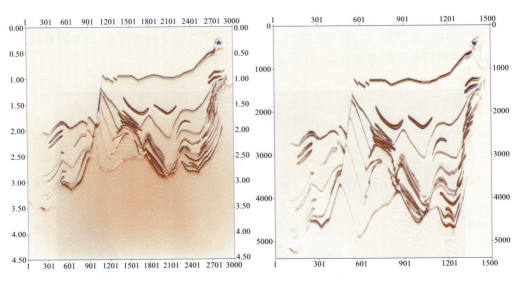

图 2-66　正演叠前时间偏移剖面(左)和叠前深度偏移剖面(右)

变化来确立。

（2）扇体前端较强的连续反射是组合砂体复合叠加的结果，相邻两期间有较连续的反射；对于追踪砂砾岩体同相轴具有一定的参考价值。

（3）膏盐岩的顶底反射能量较强，其间夹的砂砾岩体在组合厚度较大时或上覆泥岩较厚时可分辨。

（4）深部位的砂体可以根据剖面的反射形态来确立其分布范围，相邻两期间有较连续的反射。

（5）频率和道距对陡坡带砂砾岩体模拟结果更为敏感；对地震采集参数的选择以及处理方法的选择提供比较可靠的依据。

（6）砂砾岩体高速特征对下覆界面成像的时间域和深度域高点有不同的表现形式，指示出实际资料的叠前时间偏移结果不准确，更可靠的结果还需要做叠前深度偏移。

（7）通过对正演响应特征的分析，研究认为每一个地震反射轴至少对应一期砂砾岩体的反射，受地震分辨率的影响它也有可能代表多期次叠置。

第三章　高精度砂砾岩体成像技术

东营凹陷陡坡带砂砾岩体经过近几十年的勘探仍有很大的勘探开发潜力,为了更好地为后续储层描述提供高质量的地震成果资料,开展砂砾岩体精细成像技术方面的研究工作显得十分重要。本章通过对砂砾岩扇体地震反射特征进行分析,了解砂砾岩扇体的发育特点、分布规律及地震反射特征;对原始资料信噪比、能量、频率等方面进行分析,进一步了解砂砾岩扇体的地震资料特点;在后续的工作中通过对关键技术环节的针对性研究,开展了提高信噪比技术、高保真振幅补偿技术、反褶积子波处理、精细速度分析及叠前成像方法等大量研究工作,最终形成了一套针对性较强的能够提高陡坡带砂砾岩体成像精度的处理技术系列,取得了较好的处理效果。

第一节　影响砂砾岩体成像因素分析

一、存在问题

由于济阳坳陷陡坡带砂砾岩体的形成原因及地质构造都较为复杂,以往的地震剖面对砂砾岩体的成像效果不够理想,给砂砾岩体的识别及描述工作带来了很大困难,在某种程度上制约了砂砾岩扇体油气藏的勘探。另一方面,经过20世纪的滚动勘探,陡坡带砂砾岩扇体中沿基底断剥面局部变缓处沉积的具有"背斜"形态的砂砾岩扇体已基本被钻探,随着油气勘探的进一步深入,寻找不具备"背斜"形态,但有可能通过岩性变化形成侧向封堵的砂砾岩油藏、进一步滑塌形成的砂砾岩油藏以及中深层砂砾岩体的工作更加艰巨,砂砾岩体勘探越来越向精细、深层等方面发展。但在陡坡带,鉴于目前的地震成果资料受成像精度的限制,隐蔽性砂砾岩体难以有效识别。因此,如何有效提高陡坡带砂砾岩体的成像精度便成为制约后续有效储层描述的关键问题。

通过多年来的砂砾岩体勘探取得了一些成功的经验,发现了一批有利的油气构造带,其中陡坡带地震资料处理,尤其是深层及盐下砂砾岩体成像质量的提高起到了关键作用,为陡坡带砂砾岩体的进一步深入研究打下了良好的基础。然而,由于陡坡带地震地质条件较差,构造复杂,地表震源激发的地震波经介质中较长路径的传播与散射,以及介质非弹性效应造成地震反射信号的衰减,尤其是高频信号的吸收,地表所接收到的深层及盐下砂砾岩体的反射信号能量相对较弱,必然会引起地震分辨率和地质分辨能力的降低。在随机噪声和干扰背景下,加之陡坡带砂砾岩体地震反射特征的复杂性,使得这些地震反射信号有时时隐时现,有时微弱的有效信号淹没在随机噪声和干扰中,造成反射波同相轴难以追踪,使得深层有效反射波的频带窄、主频不高、信噪比低,导致了陡坡带砂砾岩体地震资料品质总体上比较差,难以搞清陡坡带复杂的砂砾岩体沉积模式,制约了陡坡带砂砾岩体油气资源的勘探与开发。因此非常有必要开展砂砾岩体精细成像技术研究,提高砂砾岩体成像质量及地质分辨能力。

在济阳坳陷箕状断陷盆地陡坡带砂砾岩扇体这个地域广阔、地下复杂的区域进行严格细致的地震资料处理技术,尤其是针对深层、盐下发育的砂砾岩体开展有效反射能量的恢复与补偿技术理论和方法的研究,开展子波处理与高精度地表一致性信号特征补偿与校正技术理论和方法的研究,是弄清济阳坳陷陡坡带砂砾岩体的构造特征和各扇体的地震反射特征,提高地震分辨率和地质分辨能力,寻找有利油气藏的重要途径。通过多年的研究和实践,可为弄清济阳坳陷陡坡带砂砾岩体深层构造特征、寻找有利油气藏提供一套完备的提高陡坡带地震反射分辨率和地质分辨能力的理论与方法,其意义非常深远。

目前,简单的构造油气藏目标越来越少,隐蔽性油气藏所占的比例越来越大,常规处理技术已经无法满足岩性勘探的需要,这就要求地震数据处理技术由常规处理技术向"精细"处理技术上发展。近年来,处理技术以技术研究为先导,坚持理论研究与实际地震资料处理相结合的原则,走科研与生产紧密结合的路子,最终形成一套完善的、能够提高陡坡带砂砾岩体成像质量的处理体系,解决勘探生产中急需解决的砂砾岩扇体地震资料品质较差的问题,使地震资料成像精度及分辨能力上一个较大台阶,促进砂砾岩扇体油气藏勘探取得进一步突破。

二、砂砾岩体成像的影响因素

东营凹陷陡坡带原始地震资料多为老资料,最新的一期为2006年采集的民丰高精度三维,下面结合各块老资料特点,主要从原始资料信噪比、能量、频率等方面进行分析。

1. 干扰波分析

民丰三维的西部主要存在大钻干扰和50Hz干扰,另外面波、高频噪声、异常振幅等干扰在各三维区块中广泛存在。

1) 大钻干扰

丰深2井位于第二束线的7、8两个排列之间,第三束线3排列和4排列之间。丰深3井位于第六束线的1排列和2排列之间。野外采集时,由于钻机不停,钻头钻进时的机械震动在原始资料中产生大钻干扰噪声(图3-1、图3-2)。

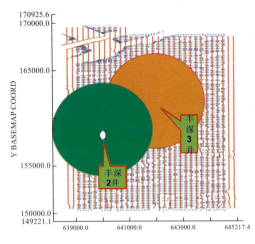

图3-1　大钻位置及影响范围　　　　　图3-2　受大钻影响的单炮记录

2) 面波干扰

野外对面波的压制较弱,面波干扰分布于全区,速度约在 400m/s 以内,面波主要能量分布在 10Hz 以下,能量很强(图 3-3)。

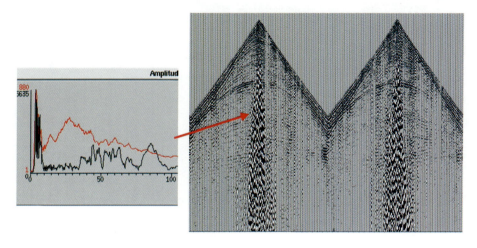

图 3-3 面波干扰

3) 高频噪声

这主要是由于环境噪声引起的,分布较广,频带宽,是干扰波的主要类型之一(图 3-4)。

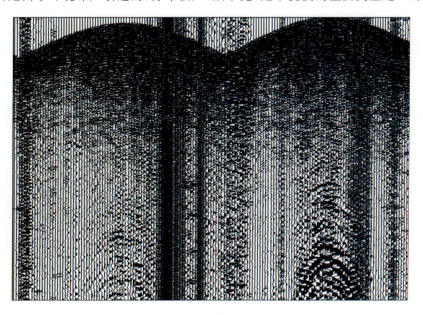

图 3-4 高频环境噪声单炮记录

4) 异常振幅

这类干扰的特点是能量强,延续时间短,分布没有规律,有的脉冲干扰在整道上分布,有的在局部分布(图 3-5)。

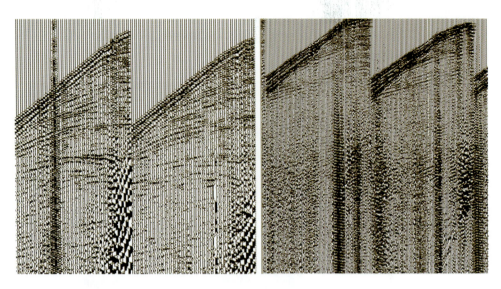

图 3-5 异常振幅

5) 工业干扰

由于本区处在工业较发达的地区,工厂较多,受其影响,资料中存在较严重的 50Hz 工业干扰波,在共检波点域尤为明显(图 3-6)。

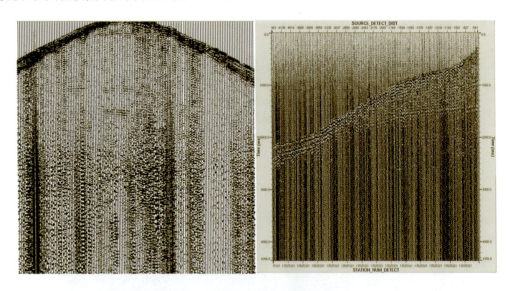

图 3-6 50Hz 干扰在共炮域和共检波点域的分布情况

通过对原始资料进行干扰波和信噪比分析,以及非常复杂的野外施工条件的深入了解,可以看出该区噪声类型多,特别是大钻干扰非常严重,对叠前预处理和最终偏移成像影响较大。

2. 频率分析

民丰高精度三维原始资料主频较高,通过频率扫描与频谱分析,本工区浅层的优势频带 9~75Hz,中层的优势频带 8~67Hz,深层的优势频带 6~50Hz(图 3-7、图 3-8)。工区内地表条件变化较大,受激发和接收条件的影响,全区资料频率变化较大,对后续处理会产生一定影响。

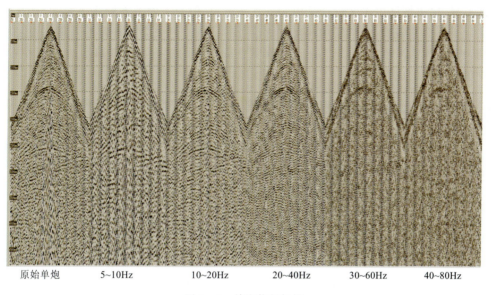

图 3-7 单炮倍频扫描

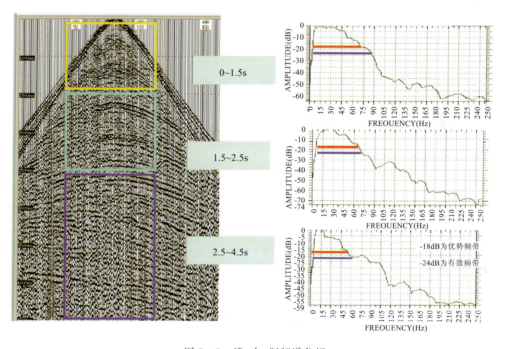

图 3-8 浅、中、深频谱分析

通过对各区块单炮的频谱进行分析,新施工的资料比老资料的主频稍高,优势频带较宽。由于要满足砂砾岩体的精细成像,在处理中,必须采取针对性的提高分辨率技术,来满足目标层的解释需要。

3. 能量分析

由于本工区地表条件变化较大,不同位置单炮药量不同,从而造成原始单炮记录的能量有较大的差异,民丰新施工工区设计采用 6kg 炸药震源,但受工农关系紧张等影响,在开发区附近多采用 1kg 炸药震源,影响了中深层有效信号的接收。老民丰资料野外采集主要采用小药量炸药及聚能弹震源激发,小于 1kg 炸药和聚能弹激发的单炮占全部单炮的 30% 左右,也影响到中深层资料的成像(图 3-9)。

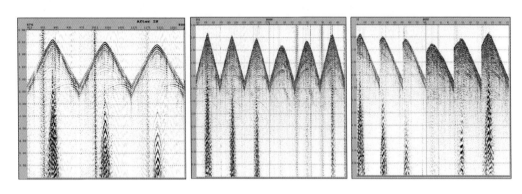

图 3-9 不同位置原始单炮记录

综合上述对原始资料分析及对以往处理成果分析,重点是根据原始资料的实际情况及成果资料存在的问题,采用针对性的精细处理技术,达到频率、相位、振幅的一致性,同时进一步提高资料的信噪比,最大程度地提高陡坡带砂砾岩体的成像质量。

第二节 提高砂砾岩体成像精度关键处理技术

一、处理流程

针对处理流程中的关键处理技术环节开展科研攻关,通过提高信噪比技术研究,压制噪声,突出砂砾岩体的反射信号;通过高保真振幅补偿技术研究,增强砂砾岩体的有效反射强度,提高成果资料的相对保幅程度;通过反褶积子波处理,提高砂砾岩体地震分辨率及地质分辨力,突出砂砾岩体的地震反射特征,使之更易识别;通过提高砂砾岩体区速度分析精度,为解释人员提供准确的速度场;以陡坡带砂砾岩体叠前成像适应性研究为前提,采用基于层析反演的深度模型建立方法,开展叠前深度偏移成像技术研究,形成一套完善的提高济阳坳陷陡坡带砂砾岩体成像精度的处理技术方法和流程(图 3-10)。

二、提高砂砾岩体信噪比处理技术

1. F-X 域面波噪声衰减技术

面波是地震勘探中最常见的干扰波之一,砂砾岩体主要发育在中深层,深层地震资料信噪比低,主要是面波影响严重。如何有效地将面波从资料中分离出来,这对于提高地震资料的信噪比是非常关键的。

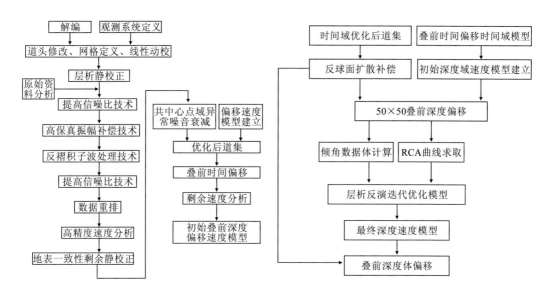

图 3-10 砂砾岩体精细成像处理流程

F-X(频率空间)域相干噪声衰减技术是指在频率-偏移距域,运用扇形滤波器,使用最小平方法估算特定视速度范围内的噪声。首先对每道作傅氏变换后,变到频率-偏移距域,变换后的炮记录数据集可以表示为

$$d(\omega,x) = S(\omega,x) + C(\omega,x) + r(\omega,x) \tag{3-1}$$

式中,$S(\omega,x)$为有效信号;$C(\omega,x)$为相干噪声;$r(\omega,x)$为随机噪声。

再用最小的误差准则法,估算频率域中的相干噪声,最小平方误差估算公式为

$$\Phi(\omega) = \sum_n [d(\omega,x_n) - f(\omega,x_n)a(\omega,x_n)]^2 \tag{3-2}$$

相干噪声$C(\omega,x)$是由$f(\omega,x_n)a(\omega,x_n)$决定的;$f(\omega,x_n)$是时间延迟和超前算子,$a(\omega,x_n)$是加权函数。

加权函数:$a(\omega,x_n) = \sum_m b_m(\omega)x^m$

其中b是等式(3-1-2)的最小平方解 $b_m = F^{-1}P_m(\omega)$。

这里 $P_m(\omega) = \sum_n d(\omega,x_n)\int(\omega,x_n)x_n^m, F_{ij}(\omega) = \sum_n |f(\omega,x_n)|^2 x_n^{(i+j)}$

该方法主要是在 F-X 域消除单炮中的低速线性噪声例如面波等(图 3-11)。这种方法的应用避免了利用区域滤波去除线性噪声与面波时,由于区域内的频率的缺失而造成的横向频率突变的缺陷以及使用 F-X 滤波时单炮中深层的振幅畸变。将面波干扰从数据中减去之后,通过对各道做逆付氏变换,将数据又变回到时间-偏移距域中,从而有效地消除了面波干扰。

2. 余弦逼近法去除大钻干扰

丰深 2 井位于第二束线的 7、8 两个排列之间,第三束线 3 排列和 4 排列之间。丰深 3 井位于第六束线 1 排列和 2 排列之间。野外采集时,由于钻机不停,钻头钻进时的机械震动在原始资料中产生大钻干扰噪声(图 3-1、图 3-2)。

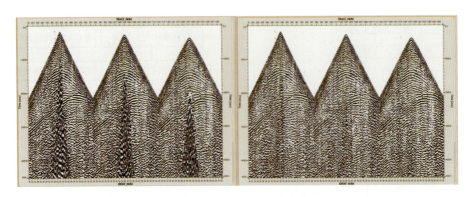

图 3-11 F-X 域相干噪声衰减(左为去噪前;右为去噪后)

1)大钻干扰的生成机制

大钻干扰的生成机制如图 3-12 所示,由于钻机位置固定,大钻干扰主要影响钻机周围的检波点,通过逐炮的调查分析以及在共检波点域通过初至前的噪声及深层频谱分析,进一步确定大钻干扰的范围。

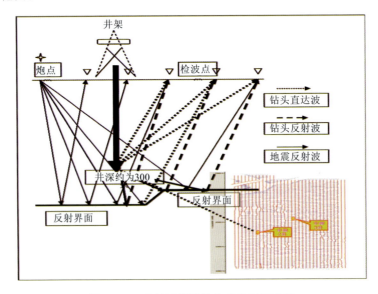

图 3-12 大钻干扰波的生成机制示意图

2)大钻干扰特征分析

大钻干扰在炮域具有双曲线特征,视速度在不同排列上有所不同,排列距钻机越远,视速度越小。在共中心点道集,由于干扰波到达各接收道的时间不同,大钻干扰在 CMP 域表现为不规则噪声(图 3-13、图 3-14)。

通过对大钻干扰的分析,归纳起来有如下几方面特征:

(1)大钻干扰在共炮域表现为双曲线的传播特征,但在不同排列上表现为不同的视速度效应;在检波点域以及 CMP 域表现为近似随机传播的特征。

(2)从频谱分析和频率扫描的结果可以看出,大钻干扰的频带很窄,能量主要集中在 17Hz

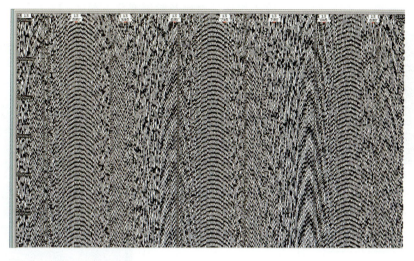

图 3-13 大钻干扰在炮域表现为双曲线特征

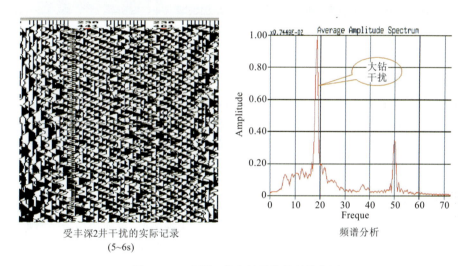

图 3-14 丰深 2 井大钻干扰的频谱分析

左右的频段上。丰深 2 井大钻干扰能量主要集中在 19Hz、21Hz、24Hz 左右的频段上,大钻干扰的频率和振幅与钻进速度、钻遇地层等因素有关。

(3)大钻干扰的振幅能量在同一个排列上从浅到深基本一致,随传播方向以及传播距离的差异而快速衰减。

(4)从与有效信号的能量对比来看,浅层(0~2.5s)有效波能量大于钻机干扰,钻机干扰被淹没在有效波中;中深层(2.5~4s)有效波能量与钻机干扰相当;深层(4s 以下)钻机干扰明显大于有效波,对深层资料品质影响较大。

3)余弦逼近法压制大钻干扰

大钻产生的干扰波基本上为一单频波,可用以预选函数来表达,余弦逼近法能够根据大钻干扰波的频率单一这一特征,用一标准余弦波进行描述,准确地预测大钻干扰波并在 TX 域加以消除。通过对信号或噪声的拟合逼近,达到分离噪声的目的。这种方法没有边界效应且对有效信号的影响很小,保幅性好,去除干扰前后对比及频谱变化见图3-15。

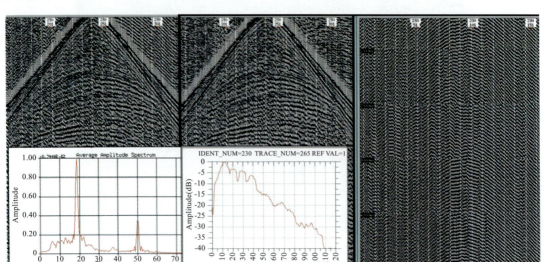

图3-15 余弦逼近法去除大钻干扰效果

3. 区域异常噪声衰减技术

区域异常噪声衰减技术根据地表一致性原则,将原始资料分解到共炮点域、共检波点域、共CMP域以及共偏移距域内,对平均振幅、最大振幅、异常振幅进行统计,通过设计均方根振幅、平均绝对振幅、最大绝对振幅或方差极大振幅的能量计算方法,设计分析时窗、门槛值等参数,拾取振幅能量对其计算并分解,对不同的噪声类型来进行压制、平滑、冲零等处理,达到消除脉冲噪声及强振幅噪声的目的。

通常情况下采用均方根振幅计算方法,对强脉冲噪声使用平均绝对振幅,当噪声振幅与有效信号差值小时使用均方根振幅,当数据含有间隔脉冲大振幅时,可使用最大绝对振幅与方差极大振幅计算法。在本研究区域,原始资料中存在的尖脉冲及野值得到了压制,减少了异常振幅对后续处理工作的影响(图3-16)。

4. 高能干扰波的分频压制

在低信噪比地区,由于施工环境以及接收等方面的影响,在原始记录中存在着大量的诸如声波、尖脉冲、方波、野值等一些强能量干扰,它们严重制约着叠加及偏移的质量。高能干扰的分频压制技术是根据"多道识别,单道去噪"的思想,在不同的频带内自动识别地震记录中存在的强能量干扰,确定出噪声出现的空间位置,根据定义的门槛值和衰减系数,采用时变、空变的方式予以压制。这种分频处理方法可以提高去噪的保真程度。

通过复合多域去噪技术的综合应用,各类异常干扰波得到有效的去除,资料的信噪比得到明显的提高,原始资料中存在的尖脉冲及野值得到了压制,减少了异常振幅对后续处理工作(如偏移时深层划弧)的影响,为提高陡坡带砂砾岩体的成像质量奠定了良好的基础。

三、砂砾岩体有效反射能量恢复与补偿技术

由于砂砾岩体埋藏深,反射能量弱,反射杂乱,处理过程中尤其应注重针对深层、盐下发育

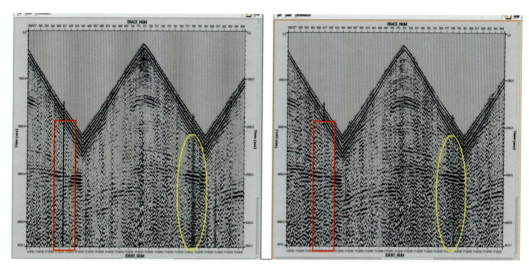

图 3-16 区域异常噪声衰减前后单炮对比

的砂砾岩体的有效反射能量的恢复与补偿技术理论和方法的研究。为了消除地震波在传播过程中波前扩散和吸收因素的影响以及地表条件变化引起的振幅能量变化,在处理过程中采用保幅、保真的球面扩散补偿,地表一致性振幅补偿,剩余振幅补偿及时频域振幅补偿相结合的方法,使地震波振幅的变化能够较真实地反映地下岩性变化。

1. 球面扩散补偿技术

球面扩散补偿主要就是针对受球面扩散因素造成的纵向上的能量差异进行补偿,使其保持仅与地下反射界面反射系数有关的振幅值。

其基本理论模型如下:

$$D(t) = \frac{V_{\text{rms}}^2}{V_1} \sum_{i=1}^{n} t_i \qquad (3-23)$$

式中,$D(t)$ 为补偿因子;V_{rms} 为均方根速度;V_1 为地表速度。

从式(3-23)可以看出,影响补偿因子的关键因素是均方根速度的获取,通常情况下,均方根速度是直接通过速度谱的分析运算得到。经过球面扩散补偿处理后,中深层有反射信号的能量得到了有效的补偿(图3-17、图3-18),从叠加剖面上可以看到,补偿后陡坡带砂砾岩的反射波能量得到明显的提高(图3-19)。

2. 地表一致性能量补偿技术

影响地震信号的因素有很多,但主要有以下几种因素:震源类型;接收仪器及检波器类型;工区地下本身的地震地质条件;工区地表条件的影响。由于地表条件的变化,造成炮间和道间能量变化。地表一致性振幅补偿的目的主要是为了消除由于地表激发、接收条件的不一致性引起的地震波振幅变化,以地表一致性方式对共炮点、共检波点、共偏移距道集的振幅进行补偿,有效地消除各炮、道之间的非正常能量差异,使振幅达到相对均衡、保真。

经过地表一致性振幅补偿,基本能够消除地表条件、激发接收条件的空间变化对地震波振幅的影响,能够真实反映地下岩性的空间变化情况,是储层横向预测、油藏精细描述等需要利用振幅空间变化信息的技术方法的基础。应用效果见图3-20及图3-21,炮间能量差异及剖

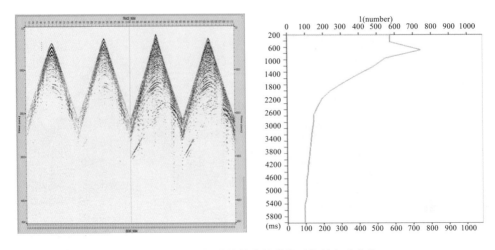

图 3-17 球面扩散补偿前的单炮及能量衰减曲线

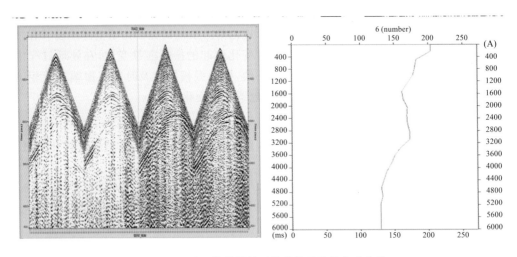

图 3-18 球面扩散补偿后的单炮及能量衰减曲线

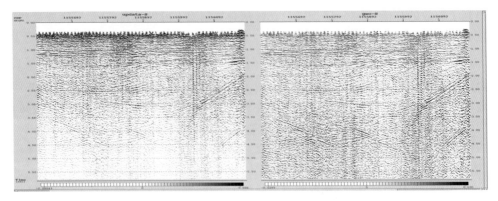

图 3-19 球面扩散补偿前(左)后(右)叠加剖面对比

面中能量的条带状变化得到了较好的补偿。

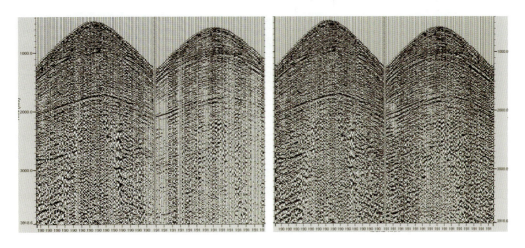

图 3-20 地表一致性振幅补偿前(左)后(右)单炮记录对比

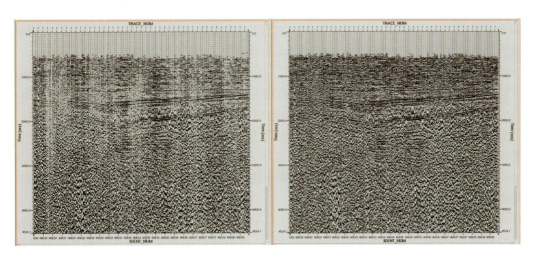

图 3-21 地表一致性振幅补偿前(左)后(右)叠加剖面对比

3. 剩余振幅补偿技术及应用

通过对不同机理引起地震振幅损失规律的研究,发现散射、球面扩散、衰减等引起的振幅随传播时间的衰减具有相似的规律,因此为进一步提高弱反射信号的能量,可进行剩余振幅补偿处理(图 3-22)。补偿因子可以用下式表示:

$$a(t) = bte^{ct} \tag{3-24}$$

式中:b,c 是经验常数,它们随炮点位置不同而有所差异,一般取 $0.1 \sim 0.2$;t 是地震波旅行时间。

该方法基于统计原理,用于分析、补偿地震数据剩余能量的差异。即前期球面扩散和地表一致性振幅补偿解决完主要能量差异后,在资料同向性较好的前提下,消除炮点、检波点、偏移距不规则排列等多种因素对振幅的衰减影响,进一步提高弱反射信号的能量。该方法是基于地表一致性处理技术,具有相对保持振幅特性。

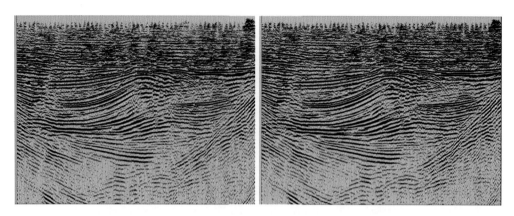

图 3-22 剩余振幅补偿前(左)后(右)叠加剖面对比

4. 地层吸收补偿

地层对地震波的吸收是引起地震子波时变的主要因素,现有的反褶积和子波估计方法大多假设子波时不变,为此必须消除子波的时变效应,即对地层吸收进行补偿。目前对地层吸收能量补偿方法主要有反 Q 滤波法、时频分析法、滤波档法、频率域补偿方法等。

1) 时频分析法

传统的反 Q 滤波方法需要知道地层吸收的 Q 值,而 Q 值又无法求准,因而应用效果受处理员水平和经验限制较大,并且反 Q 滤波器为时变滤波器,给滤波造成了困难。鉴于以上原因,白桦(1999)提出了基于短时傅立叶变换的地层吸收补偿技术;李鲲鹏在分析地震反射波勘探信号小波包分解特性的基础上,提出了基于小波包分解的地层吸收补偿方法;刘喜武等(2006)又提出了基于广义 S 变换的吸收衰减补偿方法,克服了 STFT 的时窗宽度问题和 WT 的尺度宽度问题。

本方法的基本思想是:如果没有地层吸收,深、浅层反射波具有相同的振幅谱,相位谱仅相差一线性相位;如果把地震记录分成不同的频率,所对应时间的能量分布关系具有相似性,也就是对所有频率来说深层反射的能量与同一频率浅层反射能量之比应该相同。所不同的只是不同频率的绝对能量大小。但是,由于地层的吸收造成各频率能量对时间的分布不同,给地层乘以时变权使它们相同,就起到了对地层吸收的补偿作用。

图 3-23 为一条二维剖面利用广义 S 变换方法补偿前后的效果对比,对比表明,高频能量得到了较好补偿,分辨率得到了提高,资料品质得到了改善。

图 3-24 为补偿前后振幅谱对比,振幅谱的主频向高频方向移动,大约提高 5Hz。

2) 频域吸收衰减补偿方法

针对地震信号的吸收衰减补偿问题,在建立吸收系数和 Q 值关系的基础上,提出了一种基于反 Q 补偿的分时窗频域吸收衰减补偿方法。首先,逐道抽取地震信号,从浅层到深层选取不同长度的时窗进行傅立叶变换;然后从非均匀粘弹性介质波动方程出发,导出更加准确的吸收系数与 Q 值的关系:

$$\alpha_p(\sum v_i t_i) = \frac{2\omega Q(\sum v_i t_i)}{v(\sum v_i t_i)[4Q^2(\sum v_i t_i) - 1]}$$

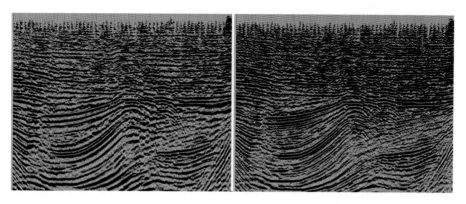

图 3-23 补偿前(左)和补偿后(右)的效果对比

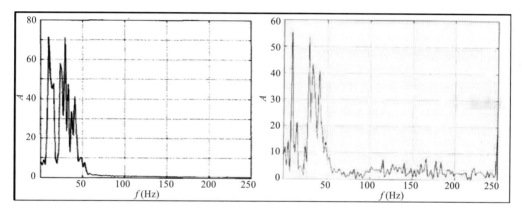

图 3-24 补偿前后振幅谱

$$= \frac{4\pi f Q(\sum v_i t_i)}{v(\sum v_i t_i)[4Q^2(\sum v_i t_i)-1]} \tag{3-25}$$

并应用于频域吸收衰减补偿中；最后将处理得到的频谱反傅立叶变换回时间域重构地震信号。图 3-25 为补偿前后叠前炮记录，记录上的同相轴明显增多并加强。

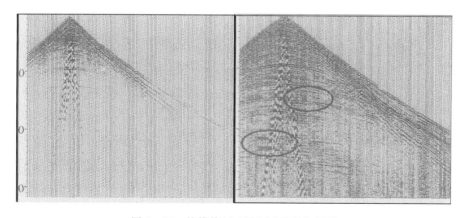

图 3-25 补偿前(左)后(右)叠前炮记录

图 3-26 为补偿前后地震道频谱,补偿前后主频变化不大,但频带宽度明显拓宽,特别是高频成分得到了明显的加强。

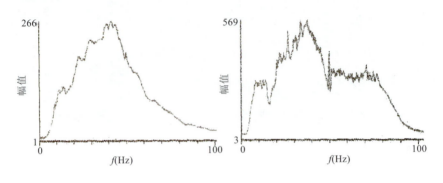

图 3-26 补偿前后地震道频谱

四、提高砂砾岩体分辨能力技术

东营凹陷深部砂砾岩体是勘探的重要目标,由于深层地震地质条件较差,高频信号吸收严重,地表所接收到的深层及盐下砂砾岩体的反射信号能量较弱,从而引起地震分辨率和地质分辨能力的降低,因此需要开展提高地震分辨率和地质分辨能力方面的研究。

1. 地表一致性反褶积技术

东营凹陷陡坡带由于地表与地下地质情况复杂多变,地表非一致性造成的激发与接收等方面的差异对原始地震资料中子波产生较大的非一致性影响,为了实现同相叠加,首先要消除子波的非一致性影响,在此基础上提高地震资料的分辨率。

反褶积可以采用地表一致性分解形式(Taner & Cburn,1981)。在这种形式中,地震道分解为震源、接收器、偏移距及地层脉冲响应的褶积影响,这样就可以清楚地估计由于地表震源和地表检波器条件以及震源检波器间隔对子波形态的变化。分解后进行反滤波以恢复地层脉冲响应。

在反褶积处理过程中,对不同的反褶积方法(包括脉冲反褶积、预测反褶积、地表一致性反褶积)及子波的不同相位(最小相位、零相位、混合相位)进行了试验、对比与分析(图 3-27)。

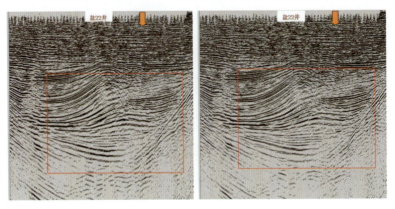

图 3-27 预测反褶积(左)与地表一致性反褶积(右)剖面对比

通过对不同反褶积方法及不同的组合效果进行对比,在实际处理中采用了以下几个方面的子波处理技术来循序渐进提高资料的分辨率:①地表一致性反褶积,消除子波非一致性影响;②频谱约束反褶积,进一步提高资料的分辨率;③近地表校正、多次地表一致性分频剩余静校正迭代,有效解决道间时差问题;④利用地表一致性相位校正对相位差异进行校正,实现同相叠加。

在 Q 因子补偿的基础上,通过以上子波处理过程的组合应用,在叠前有效地提高了地震资料的分辨率(图 3-28、图 3-29)。

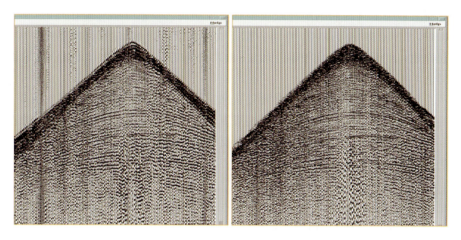

图 3-28 反褶积前(左)、后(右)单炮记录对比

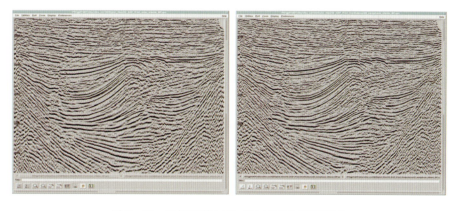

图 3-29 反褶积前(左)、后(右)叠加剖面对比

2. 频谱约束反褶积

地震信号各频段都包含反射系数的信息,只不过较低频段包含的信息与高频段相比其分辨率较低。但是,由于低频段的信噪比往往比高频段高,如果能够从低频段提取反射系数信息,则所提取的信息受噪声干扰将相对要少。这一特性可以对地震信号进行分频段反褶积处理,并依次以具有较高信噪比的低频段反褶积结果对高频段的反褶积结果进行预测或修正,从而消除测量噪声对反褶积的影响,提高反褶积处理的精度,这对于研究储层岩性及有效提高砂砾岩体的分辨率是有意义的。

褶积模型通常基于如下的假设条件：a. 地层是由水平常速完全弹性介质组成的；b. 震源产生的压缩平面波在界面上垂直入射，没有横波；c. 震源子波是稳定的，不随传播的时间、空间而改变形状。常规的褶积模型为：

$$x(t) = w(t)3e(t) + n(t) \qquad (3-26)$$

式中：$x(t)$ 为地震记录；$w(t)$ 为地震子波；$e(t)$ 为地层的脉冲响应；附加项 $n(t)$ 为随机噪声。

常规反褶积中都假设地震子波是已知的，但是在实际问题中，地震子波是未知的，所以还需对子波和反射系数作些假设才能求解。

实际资料处理中上述提到的多种假设很难完全满足，如噪声项总是存在的，而且在较低和较高频率段，由于有效信号微弱，噪声占据了优势地位。因此反褶积时，在噪声优势频段主要是噪声起作用，经反褶积后噪声得到放大，输出数据的信噪比降低，反褶积效果受到影响，对岩性解释非常不利。

频谱约束反褶积根据地震数据的有效频宽和信噪比特性，自动求取频谱约束算子通过多道统计出的不同频段的信噪比来设计频谱约束算子 $Y(f)$，并对输入地震记录的频谱 $G(f)$ 进行修正，限制低信噪比频段的反褶积程度，达到反褶积处理后提高分辨率的同时保持一定的信噪比的目的。其表达式如下：

$$Gn(f) = G(f)3Y(f) \qquad (3-27)$$

式中：$Gn(f)$ 为修正后的记录频谱；$Y(f)$ 的取值与对应频带处的信噪比成反比，即约束算子在信噪比高的频段振幅相对较小，信噪比低的频段振幅相对较大。这样，输入数据经约束算子修正后相当于加了有色噪声，信噪比高的频段加入的噪声少，信噪比低的频段加入的噪声多。因为在反褶积时加入的噪声多则反褶积的作用弱，所以在经频谱约束的数据上进行反褶积时信噪比低的频段反褶积的作用较弱，噪声水平有效地得到限制。

其实现方法如下：
(1)对数据作频谱白化处理，得到频谱拉平后的结果。
(2)对上述数据作 $T2X$ 域的随机噪声压制，近似得到频谱白化后的信号。
(3)对上述数据求取功率谱，并在横向上平均得到平均功率谱。
(4)对平均功率谱做平滑去掉谱上的尖锐部分。
(5)求出反算子——频谱约束算子。

整个频谱约束算子求取过程是自动的。将此算子用于地震数据，然后再作常规的反褶积处理，就构成了频谱约束反褶积的完整处理过程。图 3-30 是频谱约束算子求取过程的示意图。

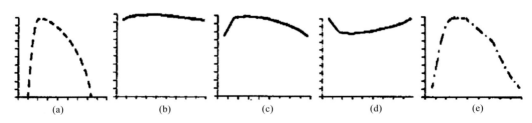

图 3-30　频谱约束算子求取示意图

(a)是原始记录有效信号的振幅谱；(b)是经频谱白化处理后的振幅谱；(c)是(b)中有效信号的振幅谱；
(d)是(c)经平滑等处理后求出的反算子；(e)是经频谱约束后的振幅谱

通过频谱约束反褶积,在提高剖面分辨率的同时,也能保持剖面较高的信噪比,图 3-31 和图 3-32 反褶积前后子波自相关,子波的一致性得到明显的提高,同时子波也得到了明显的压缩,从图 3-33 频谱上可以看到,目的层的有效频带得到了明显的拓宽。

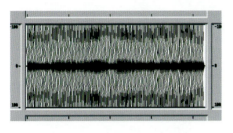 

图 3-31　反褶积前子波自相关　　　　图 3-32　反褶积后子波自相关

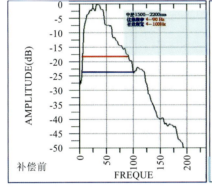 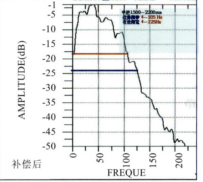

图 3-33　反褶积前后频谱变化

3. 叠后地震信号频率补偿方法

在叠前保证信噪比的前提下,叠后由于资料的信噪比得到了明显的提高,可以根据目的层的地质要求,进一步对不同成分的信息或不同频率段,特别是高频信息进行处理,进一步提高资料的分辨率。为了满足叠后提高分辨率的要求,我们选择不同频段的零相位雷克子波作为期望输出。对提高信噪比之后的叠后资料进行褶积运算,根据不同频段谱的平滑程度,确定能够有效提高分辨率的地震子波。由于雷克子波的主瓣很窄、旁瓣幅度很小,使资料能获得较高的分辨率;另外,宽带雷克子波的峰值频率比较高,向高频方向下降的陡度大,使信噪比较高的频率成分能得到很好的利用(图 3-34)。

五、提高砂砾岩体分布区速度分析精度

速度是地震资料处理过程中的灵魂,几乎贯穿到处理的整个过程。准确的速度不仅是解决剩余静校正问题的关键,同时也对叠前偏移成像的精度起决定性作用,因此,在本项目研究过程中高度重视本区的速度分析工作。鉴于陡坡带砂砾岩体反射凌乱、信噪比低的特点,首先要保证生成速度谱的质量,为准确地提取速度打下坚实的基础。其次通过与解释人员的结合,了解地下地质结构,分析速度趋势,准确拾取速度,处理中主要从以下几个方面开展高精度速度分析工作。

图 3-34　叠后提高分辨率前(左)、后雷克子波 30Hz(右)叠加剖面对比

1. 制作高质量速度谱

速度分析的主要目的是提供动校正速度及叠前、叠后偏移速度模型,速度分析的精度将直接影响叠加、偏移处理的成像效果。

1) 速度谱求取的基本原理

当炮点和接收点都位于同一水平面上,且反射界面为平面,界面以上为均匀介质时,共反射点记录的反射时距曲线近似为一条双曲线:

$$t_{x_i}^2 = t_0^2 + \frac{x_i^2}{v_0^2}$$

这条双曲线所具有的速度,即为反射波的均方根速度,速度谱就是以沿着反射同相轴方向上叠加能量、相似性系数或相关系数为最大,作为速度估计理论依据。

一方面,由于速度是待求的参数,因而只能给出一个包含速度真值的速度范围,在该范围内进行速度扫描。当扫描的速度值接近或等于真值时,就可获得信号的最佳估计值,利用判别准则检测出来,从而获得速度估计值。另一方面,反射层的 t_0 时也是未知的,或是不精确的,仿照速度扫描的方法,对 t_0 由小到大进行扫描,当扫描的 t_0 对应有反射存在时,对应的速度扫描可获得最佳速度估计值。

2) 射线路径选择

射线追踪的理论基础是,在高频近似条件下,地震波场的主能量沿射线轨迹传播,传统的射线追踪方法,通常意义上包括初值问题的试射法(shooting method)和边值问题的弯曲法(bending method)。试射法根据由源发出的一束射线到达接收点的情况对射线出射角及其密度进行调整,最后由最靠近接收点的两条射线走时内插求出接收点处走时,而弯曲法则是从源与接收点之间的一条假想初始路径开始,根据最小走时准则对路径进行扰动,从而求出接收点处的走时及射线路径。很显然弯曲射线更加接近于波在地下传播的真实路径。

由弯曲射线法求出的共反射点道集较直射线法求出的道集更加接近于地下真实的反射情况,在倾角越大情况下,直射线法产生假频越严重,应用曲射线法成像明显好于直射线法,因此用该道集所做的速度谱能量团更加集中,有利于提高速度拾取的精度。

2. 速度解释方法

利用多种手段约束进行速度分析的方法,可以提高速度分析与应用的合理性与准确性。主要有以下几种约束手段。

(1) 频率约束速度分析。

对道集进行频谱分析,选取有效频率范围,速度分析时加以约束处理。

(2) 水平速度切片约束。

水平速度切片显示了水平方向的速度变化,在速度拾取时结合地层水平变化情况,约束速度突变现象及不合理速度点。

(3) 垂直速度切片约束。

垂直速度切片显示了垂直方向的速度变化,在速度拾取时结合地层纵向变化情况,约束速度突变现象及不合理速度点。

(4) 常速扫描约束。

对于速度分析质量较差部位进行常速扫描,寻找最佳速度范围,约束速度分析与速度拾取。

(5) 地质构造解释约束。

根据地质人员对地质构造的认识,解释出合理的构造模型,指导速度分析与速度拾取的应用。

经过多种约束方法求取的速度更为精确,速度变化走势更加清楚。

处理中与解释人员结合,了解地下的速度分布特点,结合本区速度场的整体变化趋势,同时利用多种辅助手段,如动校道集、常速扫描叠加剖面、变速扫描叠加段以及动态的叠加段等识别速度,保证速度的准确拾取,图3-35为通过多次迭代得到的最终叠加速度场。

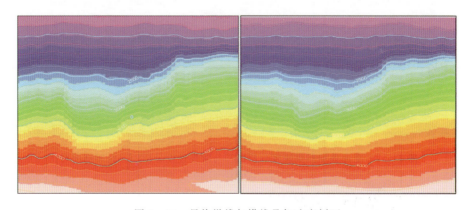

图3-35 最终纵线与横线叠加速度剖面

(6) 不间断变速叠加段扫描技术。

东营凹陷砂砾岩体区地震资料由于目的层较深、大地吸收等因素影响,所接收到的有效信号能量较弱,成层性差,虽然经过振幅补偿和地表一致性振幅校正等工作,但在常规速度分析速度谱上的反映依然较弱,能量团不收敛。另外,在陈南大断面附近,由于速度变化较大,这使得对于速度的解释很难把握,采用常规的速度分析方法,已经不能满足精细处理对速度的要求。

选取过砂砾岩体的典型束线,进行常规速度谱分析,对影响速度谱精度的因素进行分析,根据叠加效果确定合适的参数;进行变速叠加扫描试验,提高速度拾取精度。

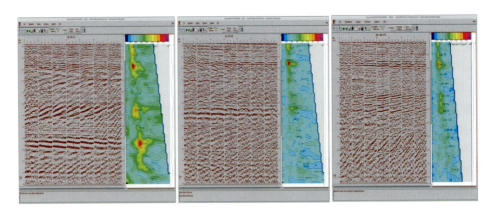

图 3-36 变速叠加扫描速度分析图

图 3-36 为过盐 22 井和丰深 1 井一条测线的变速扫描速度分析。该方法可以直观地进行速度拾取,拾取的叠加剖面就是最终的叠加剖面。通过扫描分析与速度解释,由于速度的准确度较高,该速度所得叠加剖面的成像质量与常规速度分析相比陡坡带所得叠加效果有了明显的提高(图 3-37)。

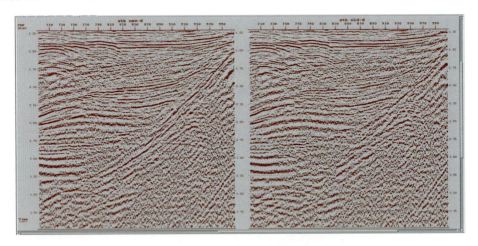

图 3-37 变速叠加扫描速度分析(左)与常规速度分析(右)叠加剖面对比

3. 叠前深度偏移初始速度模型的建立

正确合理的初始深度模型是制约后续模型层析反演的关键,较为可靠的初始偏移速度场,应该是能保证叠前时间偏移取得良好效果的基础之上的,因此,一般来说最终的叠前时间偏移速度场应作为叠前深度偏移初始速度场。叠前时间偏移速度场的分析方法主要包括以下 6 种:基于射线理论的沿层层速度相干分析法(剥层法);均方根速度场迭代分析方法;基于叠前偏移的偏移速度分析方法;基于模型正、反演技术的速度模型自动迭代修正技术;基于剩余延迟时的 tomograph(层析成像)模型修正技术;剩余速度分析技术。

本项目研究过程中,叠前时间偏移速度场的建立主要以均方根速度场迭代分析方法为主,同时对剩余速度分析,叠前偏移速度百分比扫描等方法也进行了应用。

1) 速度模型的建立

初始速度模型的建立是在常规三维地震资料的共中心点道集所做的速度谱上拾取的均方根速度文件。本区速度在横向上变化不大，而且经过叠前资料的精细处理，道集和速度谱质量均较高，全区按 500m×500m 网格进行了精细的速度解释，经过内插和平滑，建立本次初始速度场（图 3-38）。

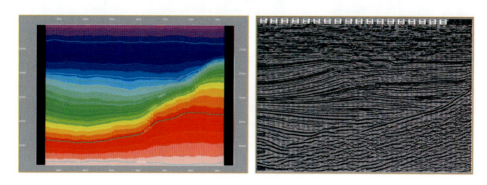

图 3-38 初始偏移速度剖面与偏移剖面

2) 速度模型的修正

由于用常规处理的 CMP 道集解释得到的初始速度模型，与地下实际速度场存在一定的差异，用它来进行偏移达不到最佳的偏移效果，所以必须对初始速度场进行修正。

速度模型修正具体过程如下：第一步利用初始速度场对本工区三维资料的目标线进行偏移，得到偏移后共成像点道集；第二步利用偏移速度场对共成像点道集（CIP）反动校正，利用反动校正后 CIP 道集进行剩余速度分析调整；最后，通过速度内插和平滑再一次得到偏移速度模型，用于下一次的目标控制线的偏移与速度的迭代分析。

剩余速度修正是利用反动校后的 CRP 道集进行速度谱的计算和拾取。反动校后的 CRP 道集能够消除地下构造倾角和其他横向速度变化的影响，真正反映同一反射点的信息，因此得到的速度信息更加真实、可靠，叠前深度偏移初始速度模型迭代修正的流程见图 3-39，剩余速度修正过程见图 3-40 至图 3-41。

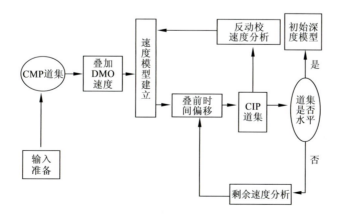

图 3-39 叠前深度初始速度模型迭代修正流程图

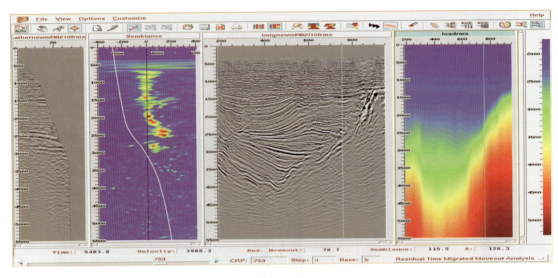

图 3-40 剩余速度分析剖面

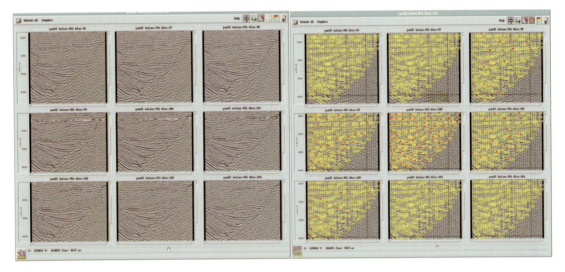

图 3-41 利用速度百分比扫描方式调整偏移速度

同时在速度解释过程中,参考了偏移剖面提供的层位信息;整个速度拾取工作在解释人员的帮助下,充分考虑了本工区地质结构的特点及速度变化规律,使拾取的速度一致性较好,更加符合地下地质规律,更加逼近地下真实的速度场。

3）初始速度模型的建立

叠前深度偏移初始模型的建立主要是在前期精细速度分析的基础上,结合叠前时间偏移的效果从而建立初始深度-速度模型。在此基础上,再进行偏移速度线的效果验证,确保后续的叠前深度偏移模型层析反演工作顺利进行。

为了与常规处理速度分析进行对比,目标线（速度分析控制线）的选择与常规处理保持一致。整个速度拾取工作,充分考虑了本工区地质结构的特点及速度变化规律,使拾取的速度与构造具有较好的一致性,更加符合地下地质规律,更加逼近地下真实的速度场。图 3-42 为建立的最终叠前时间偏移速度场,同时也是准确度较高的叠前深度偏移初始速度场,为后续进行叠前深度偏移打下了坚实的基础。

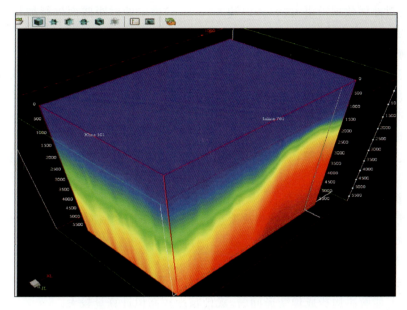

图 3-42 建立的最终叠前时间偏移速度场

六、砂砾岩体高保真叠前成像技术

作为陆相断陷盆地的东营凹陷的陡坡带一般具有断面坡度陡、古地形起伏大,在叠后时间偏移地震资料上,普遍存在基岩断剥面、砂砾岩体的包络面及内幕成像不清,以及保真性差、不能很好地解决储层描述等问题,制约了砂砾岩体油气藏的勘探与开发。叠前偏移处理技术,自20世纪90年代中后期规模引进国内以来,已作为普遍的偏移成像处理手段得到广泛应用。在陡坡带砂砾岩体高精度成像方面起到了关键的作用。

与叠后偏移相比,叠前时间偏移有更高的成像精度、信噪比和好的波组特征。在横向速度变化不剧烈的情况下,叠前时间偏移把存在于每一记录道中的反射波能量转移到它真实的地下位置处,是一种经济有效的偏移方法。在砂砾岩体分布区的资料对比中,叠前时间偏移较叠后偏移无论是在边界断面还是在砂砾岩体归位方面都取得了明显的优势,为砂砾岩体的后续解释提供了优良成果。

虽然叠前时间偏移较叠后时间偏移有许多优势,但也有其局限性。从适用条件来讲,构造变化较大,而横向速度变化并不大的地区,叠前时间偏移能够实现真正的共反射点叠加,得到较好的偏移效果,而在横向速度变化剧烈的情况下,仍然无法实现真正的归位。因此,成像技术方面的研究工作十分的必要。

1. 叠前深度偏移基本原理

叠前深度偏移技术建立在构造起伏及横向速度剧烈变化基础上,是一种真正的全三维成像技术,适应于任意介质的成像问题。

生产中常用的叠前深度偏移方法是克希霍夫积分法。具体实现时,首先把地下地质体划分为一个个的面元网格,然后计算从地面每一个炮点位置到地下不同面元网格的旅行时,形成走时表。利用经过选择的叠前数据集和射线追踪技术计算出的走时表,计算出地下成像点到地面炮点和接收点的走时 $t_s(x,y,z)$ 和 $t_r(x,y,z)$ 以及相应的几何扩散因子 $A(x,y,z)$,最后在孔径范围内对地震数据沿由 $t_s(x,y,z)$ 和 $t_r(x,y,z)$ 确定的时距曲面进行加权叠加,放在输出点位置上,实现偏移成像。

三维叠前深度偏移是地震资料处理技术的一个重要发展方向,它突破了水平叠加和叠后时间偏移等传统处理方法的应用条件限制,对于陡倾角及速度横向变化剧烈等复杂地区地震资料成像具有明显的改善作用。

比较现在业界主要的偏移方法,可以得出以下结论:

(1)叠后时间偏移。

法向速度与地质模型不符,不能解决聚焦问题,适用于地层倾角不大和速度横向变化不大的情况。

(2)叠后深度偏移。

法向速度与地质模型不符,不能解决聚焦问题,适用于速度横向变化较大的情况,可解决部分构造成像变形问题。

(3)叠前时间偏移。

可以解决聚焦问题,适用于速度横向变化不太大及较复杂构造的成像,速度模型建立相对较简单,但不能解决构造成像变形问题,成像精度较高但计算量较大。

(4)叠前深度偏移。

适用于速度横向变化大、构造复杂和在时间剖面上构造发生形变地区的成像,速度模型建立比较复杂,速度模型有正确的判别标准,成像精度高但计算量大。

2. 叠前深度偏移速度模型的优化

前期通过高精度的速度分析工作及叠前时间偏移效果的验证,建立了比较准确的叠前深度偏移初始速度模型。应该说,初始模型越准确,迭代收敛越快,反之需要更多的迭代次数,甚至产生错误的结果,一般来说,速度模型的修正需要2~3次的迭代即可满足精度要求,如果3次后无法收敛,则说明初始速度模型与实际模型相差较大,需要重新建立初始速度模型。

速度—深度建模技术现在有两种,一种是基于构造模型的建模方法,另一种是基于剩余曲率分析的建模方法。从地质意义上来看,因为地下速度场与地下构造密不可分,所以基于构造约束的速度建模方法更为合理,现今主流建模技术一般都采用此法(图3-43),但该方法要求层位解释得尽可能准确,而且存在解释工作量大,层位之间缺乏梯度变化的缺点;就地震资料处理而言,基于剩余曲率分析的速度建模技术更为简单,不需要太多的地质信息,但该方法所建的速度模型缺乏直接的地质意义。

经过详细研究两种方法的优缺点,结合该区资料的实际情况,研究认为,由于本区砂砾岩体成像比较复杂,简单的层位模型无法满足本区模型的建立(复杂的层位模型难以建立:层位解释存在多解性且难以实现三维闭合),基于剩余曲率分析的建模方法由于不需要解释层位而更有利于砂砾岩体的成像。

基于共成像点道集拉平准则的剩余曲率分析思想是1989年Al-Yahya提出的,该技术的基本思想如下:偏移后的叠前数据按共成像点道集(CIGs)的形式排列;当用正确的速度进行叠前偏移后,共成像点道集中的成像深度在所有道上都相同;当偏移速度不正确时,共成像点道集中的成像深度在各道上是不同的,即存在剩余曲率(偏移速度小于真实速度时旅行时轨

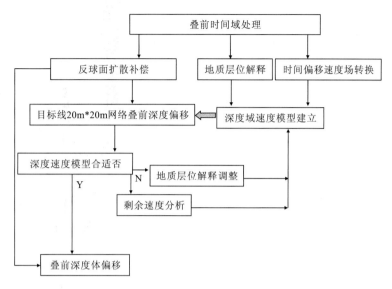

图3-43 常规深度建模流程

迹为椭圆;偏移速度大于真实速度时旅行时轨迹为抛物线);这种方法将速度分析与偏移成像密切联系起来,而且偏移后道集中绕射波得到收敛,资料信噪比更高,消除了地层倾角的影响,更有利于速度的分析。它利用的是偏移后的聚焦能量信息,既可以和 Kirchohoff 偏移相结合,也可以和波动方程偏移相结合,形成统一的偏移流程,所以当前在业界比较流行。

1)初始速度模型的建立

初始深度-速度模型的建立主要包括高精度速度分析、速度格式的转换、沉积层模型的建立3个方面。

(1)高精度速度分析。

前期在高精度速度分析方面我们已十分详细地说明了初始速度场的建立,得到了相对准确的初始的均方根速度场。

(2)速度格式的转换。

在速度格式的转换过程中,遵循以下3个原则:

第一,转换前的 RMS 速度应该尽可能的平滑,避免出现大的抖动;

第二,深度层速度应该进行平滑,平滑参数选择要恰当,既避免有大的跳动,又尽可能地保持平滑前的速度变化趋势;

第三,深度层速度模型的深部必要时进行层速度的归并,这样可以减弱深层由于速度起跳造成深度偏移的划弧现象。

先将高精度速度分析得到的均方根速度场转换成地震道的形式,此时如果直接用 Dix 公式转换成层速度,一般这样得到的层速度场往往异常值较多,并不能代表地下真实的层速度分布,这样的层速度场并不能直接应用。因此,需要对速度地震道进行能量(速度)统计,切除异常的速度,并且进行合适的平滑、外推等工作;然后对时间域的层速度转换为深度域的层速度,再次对深度域的层速度进行平滑处理,从而得到一个比较合理,变化趋势更加平缓的深度层速度,再通过样条函数对该速度进行处理,形成新的深度层速度(图3-44、图3-45)。

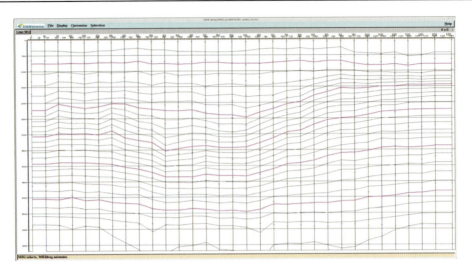

图 3-44　RMS 速度

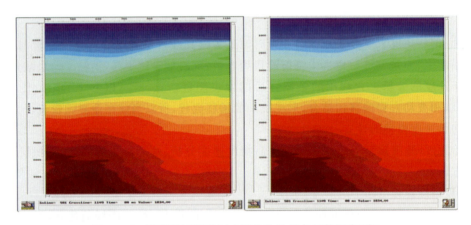

图 3-45　深度域层速度(左)转换为 B 样条函数深度(右)

(3)沉积层模型的建立。

沉积层模型的建立时,需要建立 3 个层位(深度分别为 0m、10m、12 900m),此时,就可以形成两个层(0～10m、10～12 990m),对第一层充填近地表高速层速度(一般为直达波速度),对第二层充填沉积层速度(对于陆地资料而言,充填深度层速度)。这样就建立了叠前深度偏移的初始速度模型(图 3-46)。

2)速度模型的修正

为了实现速度模型的修正,首先需要进行 50m×50m 的叠前深度偏移,输出深度道集,在深度道集上拾取 RCA 曲线,主要曲线有深度误差曲线、相似性系数、骨架结构,拾取完成后需要对深度误差曲线进行离散化才能满足速度层析反演的需要;输出深度道集后,完成叠加处理,对纵横线进行倾角计算,并对纵横线倾角数据体进行平滑与差值;上述属性体形成后,利用射线层析方法完成速度模型的更新(图 3-47)。

如果初始模型精度较高,后续的层析反演一般 2～3 次即可满足要求,结合本区资料的实际情况及偏移结果,处理中进行了 2 次速度模型的反演迭代工作:

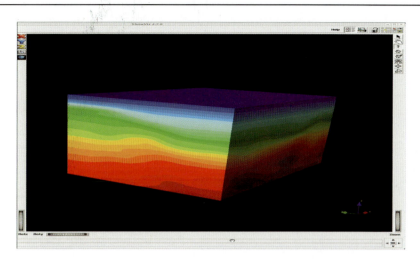

图 3-46　初始深度域速度模型

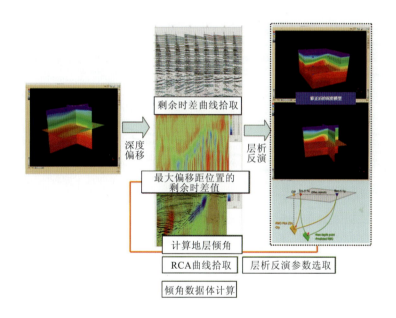

图 3-47　剩余曲率深度速度模型修正技术整体实现思路

(1)速度模型的第一次修正。

利用建立的初始速度模型,对工区进行第一次 50m×50m 的叠前深度偏移,输出偏移后深度道集和叠加剖面。

50m×50m 的叠前深度偏移之后,得到深度域的 CIP 道集,如果速度模型正确,则 CIP 道集被拉平。反之,则 CIP 道集存在一定的偏差,进而在深度误差曲线、相似性系数、骨架结构会有所体现。

第一次利用初始模型叠前深度偏移后得到的道集浅层基本上拉平(个别测线存在不平现象),中间部位同向轴有下拉现象,深层同相轴上翘现象比较突出(图 3-48),从剖面显示来看,基底成像合理性较差,个别部位成像质量存在误差(图 3-49)。

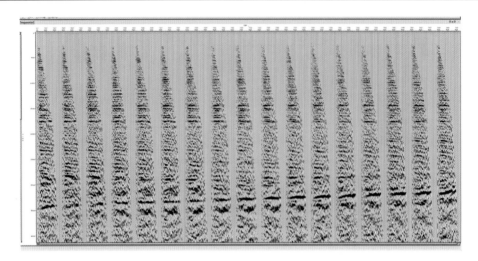

图 3-48 纵线 1241 初始深度偏移后深度域道集

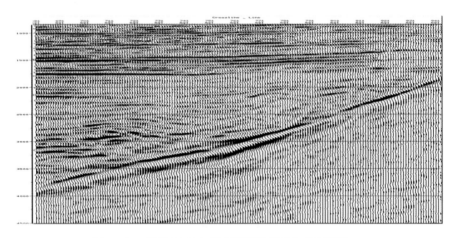

图 3-49 纵线 1241 初始深度偏移后叠加(深度域)

在经过细致合理的深度误差曲线、相似性系数(图 3-50)、骨架结构(图 3-51)的拾取,以及纵横线倾角计算与处理后,利用层析反演技术来修正初始层速度场,得到新的偏移速度场,用于下一次的目标线的叠前深度偏移。

(2)速度模型的第二次修正。

利用第一次修正的层速度模型,进行第二次 50m×50m 线的叠前深度偏移工作,再利用层析反演技术来修正第二次的速度场,通过进一步的质量监控情况来看,反演后的速度模型取得了较好的偏移成像效果,达到了预期所希望的要求,因此可以进一步反演更新速度场,二次反演后得到的新的偏移速度场,用于下一次的 50m×50m 的叠前深度偏移。

经过对速度的多次反演修正,完成了对速度模型的层析反演工作,得到最终的偏移速度场(图 3-52),进行全区的叠前深度偏移。当然,在实际的速度模型修正过程中要结合实际的 CIP 道集进行效果分析,本次处理最终对模型进行了二次反演修正,从偏移的效果来看,基本满足了要求。

第三章 高精度砂砾岩体成像技术

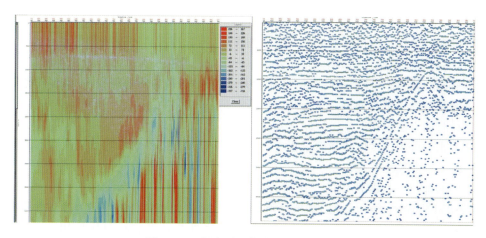

图 3-50 深度误差曲线及相似性系数

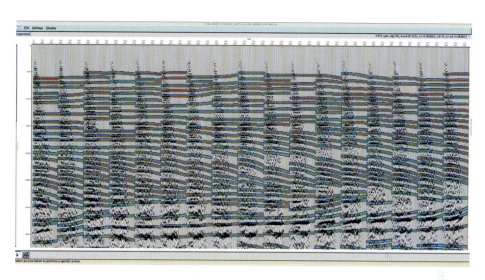

图 3-51 速度修正深度骨架拾取

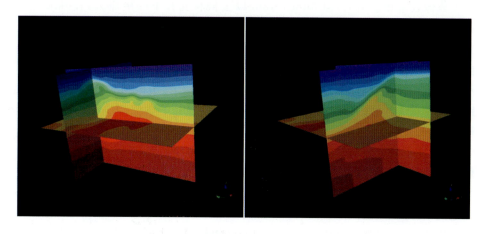

图 3-52 最终模型横纵向切片显示

3. 叠前深度偏移参数测试

偏移参数的选择对偏移的效果起着明显的作用,不合理或者不准确的参数会造成偏移质量的下降,也会降低偏移工作的效率,在处理过程中我们应重视参数的选择和测试工作。在克希霍夫叠前深度偏移中,涉及旅行时的计算和偏移参数,包括如何处理假频、偏移孔径等方面,下面对关键参数逐一进行分析。

1) 旅行时的方法选择

在克希霍夫叠前深度偏移成像过程中,主要的计算工作就是求取炮点到检波点的旅行时,其计算法的效率和精度直接决定了成像方法的应用范围和效果,在克希霍夫叠前深度偏移占有十分重要的地位。目前常用的三维旅行时的计算方法有多种,常见的有 Cartetesian Fermat、Spherical Fermat、Spherical Eikonal 和 Wavefront Construction(WFC)等多种算法。

其中 Cartetesian 和 Spherical 两种方法的不同之处是计算旅行时所使用的坐标系统不同。直角坐标系费马原理使用了直角坐标网格;而球面坐标系网格接近与真正的波前传播,提供更好的成像效果;Spherical Eikonal 方法给出了 Eikonal 方程解;Wavefront Construction 方法对地震波场进行重新建造,原理上,WFC 方法支持多路径或多到达,但运算量巨大。

从理论上讲,波前重建法最好,可以计算任意复杂介质的旅行时,但要花费较长的计算时间,Cartetesian Fermat 适合在较简单情况下,但计算量小,速度快。本次处理中采用 Wavefront Construction 方法实现对旅行时的计算。

2) 偏移参数的测试

(1) 偏移孔径。

偏移孔径是克希霍夫偏移的重要参数。过小的偏移孔径使陡倾角同相轴受到抑制,同时造成振幅畸变,还可将随机噪声转化为以假水平同相轴为主的干扰,这种现象在深层尤为严重;过大的偏移孔径意味着多花费机时,还会使偏移质量下降,信噪比降低。假如深层噪声严重,大的偏移孔径将使深层的噪声影响到较好的浅层。

在处理过程中,进行 2.5km×2.5km、3km×3km、3.5km×3.5km、4km×4km、4.5km×4.5km、5km×5km、6km×6km 偏移孔径的测试。分析可知,基底成像效果存在一定差异,在细节上,2.5km×2.5km、3km×3km 的偏移孔径,剖面深部位陡断面成像模糊,4km×4km 以上偏移孔径成像效果相差不大,但 5km×5km 以上偏移孔径下噪声略大,4.0km×4.0km 的偏移孔径可以满足本区的偏移成像要求(图 3-53)。

(2) 反假频参数。

叠前地震数据偏移会产生数据假频、算子假频和成像假频,而数据假频和成像假频可以通过减小采样间隔来消除,因此只讨论算子假频。当存在算子假频时,空间输入位置会出现周期跳跃。克希霍夫深度偏移产生假频的条件是:陡倾角算子轨迹、大幅值高频能量和稀疏的空间采样数据,而在现在三维数据中,均存在这3种情况。特别是当积分算子的求和轨迹太陡(跨越相邻道的算子时差超出时间采样率)时,就会产生算子假频。

反假频距离与道集网格的大小有关,过大会造成断点模糊,同时剖面显得过死,影响资料的波组特征;过小剖面假频现象严重,造成剖面信噪比过低,经验参数是介于最小与最大 CMP 网格间距之间,在处理中测试参数为 25m、37.5m、50m、62.5m,从试验结果看,过弱的反假频距离剖面信噪比偏低,过强的反假频会造成剖面面貌较"死",波组不活跃,通过比较选择参数 50m 最为合理。

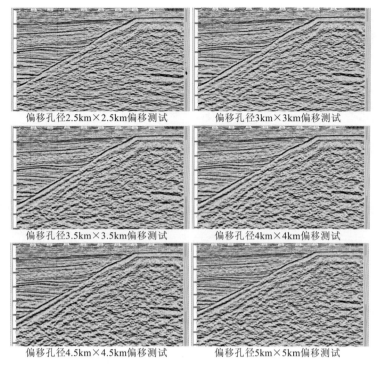

图 3-53 不同偏移孔径偏移测试

(3) 最大频率。

偏移频率是影响偏移效果的重要参数之一,频率过高会产生高频噪声和假频现象,过低会造成高频成分损失,影响成像质量。处理中根据偏移测试结果来确定偏移频率,通过测试,本次叠前深度偏移选择最大偏移参数为 70Hz。

(4) 偏移倾角。

对叠前深度偏移的最大地层倾角参数进行了 40°、50°、60°、70°、80°的测试,从测试结果看,40°、50°的地层倾角陡断面成像效果稍差,60°以上的陡断面的成像效果相差不大,但 70°、80°的结果偏移噪声略大,因此,在处理中选择 60°的偏移倾角(图 3-54)。

(5) 深度体偏移。

通过层析反演建立了全区的深度-速度模型,同时通过偏移参数试验工作,最终确立了本次偏移的处理参数,见表 3-1,利用 CGG 系统完成了数据体的偏移工作。

表 3-1 叠前深度偏移参数表

试验内容	测试参数	选择参数
偏移孔径	3km×3km、3.5km×3.5km、4.0km×4.0km、4.5km×4.5km	4.0km×4.0km
反假频距离	25m、37.5m、50m、62.5m、75m	50m
最大偏移倾角	30°、40°、50°、60°、70°	60°
反假频频率	频谱分析	70Hz

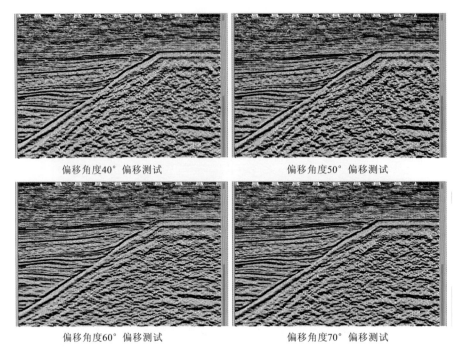

图 3-54 不同偏移角度偏移测试

从最终偏移后的共反射点道集来看(图 3-55),主要目的层反射层清晰,波组特征明显,道集得到了优化,同相轴拉平,取得了比较理想的效果。从偏移叠加剖面来看,反射齐全,断裂系统清楚,成像效果较好(图 3-56)。

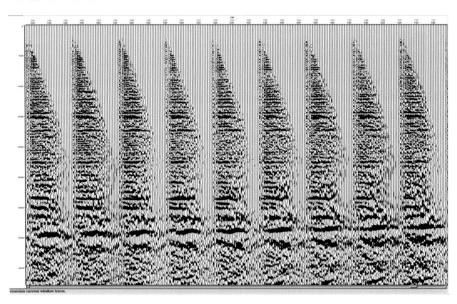

图 3-55 纵线 1251 叠前深度偏移后道集

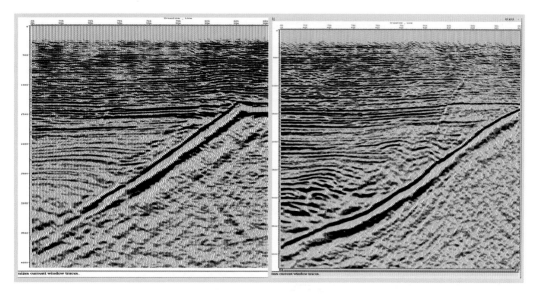

图 3-56　叠前深度偏移后纵线叠加(左:1121;右:1241)

第三节　处理效果分析

东营凹陷陡坡带砂砾岩体区最突出的地质特征是目的层深、断层多、构造陡、砂砾岩体发育。通过砂砾岩体精细成像技术的攻关与研究,在高精度振幅恢复与补偿、各类干扰波去除、提高砂砾岩体区信噪比、子波处理提高砂砾岩体识别能力、精细速度分析及速度模型建立、叠前深度偏移成像等方面取得了显著研究成果,形成了针对提高陡坡带砂砾岩体性成像质量的精细处理技术系列,目标区砂砾岩体的成像质量得到明显的提高,地震资料主频提高15Hz,频带拓宽20Hz,砂砾岩体发育层段信噪比提高1.2倍。经过解释人员对砂砾岩油气藏的准确预测与描述,通过井位部署及钻探,获得了较好的地质效果和经济效益。

通过各处理环节精细处理技术的研究与应用,与以往处理剖面相比,深度偏移剖面边界断层得到了更好的聚焦,更有利于识别古冲沟的基底成像,能够更加清楚地了解砂砾岩体的空间展布及内部沉积期次,砂砾岩体识别能力得到明显的提高。

从图 3-57～图 3-59可以看出,通过针对性砂砾岩体处理技术所得的成果剖面,地层发育与基岩古断剥面的接触关系明确、清晰;整个砂砾岩扇体包络面清楚,单个砂砾岩体顶面反射清晰,期次明了。砂砾岩扇体内部反射特征明显:扇根通常为无反射或弱振幅的地震反射波,扇中多为中等振幅的地震反射波,扇端一般为中、强振幅的地震反射波。

新老资料时间域剖面及时间切片的对比情况来看,叠前深度偏移后边界断面更加清晰,进一步落实了古冲沟基底的成像范围。并且叠前深度偏移成果剖面对地质现象的刻画更加真实,构造形态更加合理,砂砾岩体特征更加清晰,可分辨能力明显提高。新资料砂砾岩体产状的变化也带来了地质认识的变化(图 3-60),例如在成藏方面,除了"扇根物性封堵"和"滑塌上倾尖灭"以外,砂砾岩体还存在"扇端反转式上倾尖灭"新的控藏模式。

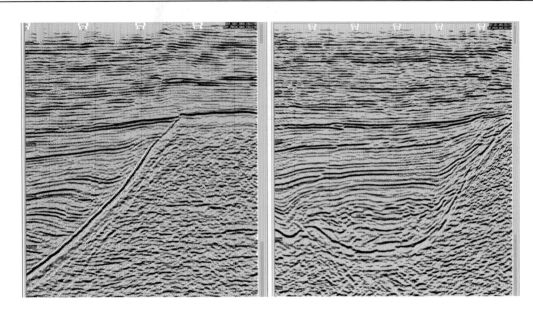

图 3-57 纵线 1091(左)及横线 717(右)叠前深度偏移剖面(时间域)

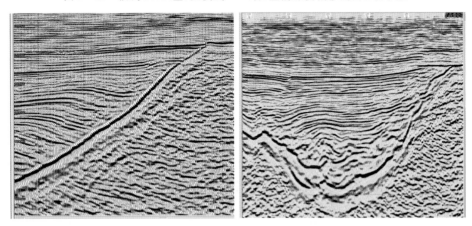

图 3-58 纵线 1091(左)及横线 761(右)叠前深度偏移剖面(深度域)

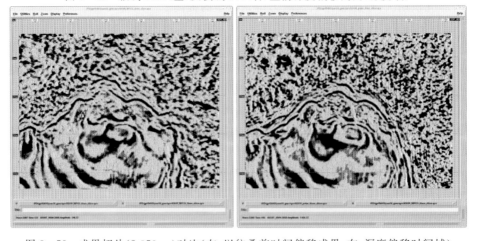

图 3-59 成果切片(2 050ms)对比(左:以往叠前时间偏移成果;右:深度偏移时间域)

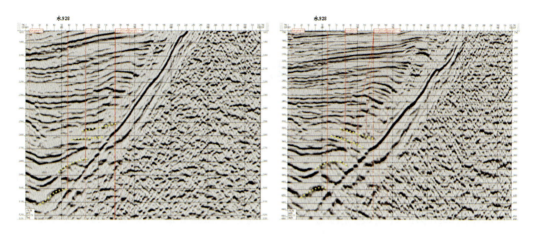

图3-60 纵线1170叠前时间偏移(左)与深度偏移剖面对比(右)

第四章 砂砾岩体期次划分方法

砂砾岩体是多期叠置的沉积体,每期之间具有不同的油水界面,其相带窄,分选差,分布不稳定,生物化石缺乏,一直以来难以有效地进行期次划分。以往描述砂砾岩体包络面又难以进行区带评价和计算储量规模,其内幕特征模糊一直困扰着勘探开发方案的部署。针对如何研究砂砾岩体内部结构的难题,建立陡坡带地层等时格架和测井旋回,形成了以数据驱动层序精细划分、S变换时频分析为主体的砂砾岩体高精度期次划分技术,剖析了内幕结构,实现了多域转换,完成了该类油藏勘探由"粗放"到"精细"的转变,明确了影响砂砾岩体展布的主控因素和不同地区、不同层系的期次变化规律。

第一节 砂砾岩体期次划分的必要性

东营凹陷陡坡带具有坡度陡、物源近、古地形起伏大和构造活动强烈的特点,沉积体以各种成因的砂砾岩扇体为主。它们沿陡坡带有规律的组合、叠置、展布,构成陡坡带的主要储集体类型。随着勘探程度的不断提高,对陡坡带砂砾岩扇体地质认识程度也不断提高。从钻井情况看,砂砾岩体纵横向变化十分复杂,分别具有不同的岩性、电性及地震识别特征,同时在开发过程中由于砂砾岩扇体相变快,岩性多样,导致岩电关系复杂;储层非均质性极强,储层连通关系复杂,结果造成含油差异及产能变化较大,严重影响开发效果。砂砾岩体由于是多期叠置形成的,受地震资料品质的影响,其包络面反射特征相对比较明显,内部反射结构较难识别,这也造成了储层对比困难,隔夹层识别难度大。

由于砂砾岩储层存在着强烈的非均质性,储层描述具有以下几个难点:①不同期次砂砾岩体纵横向上的相互叠置,造成砂砾岩体的分布特征在纵横向上均变化很快;②砂砾岩扇体单期次的空间展布特征难以描述,砂砾岩体的包络面反射强,造成单期次界面很难刻画,难以进行准确的储层预测;③不同期次砂砾岩体储集层由于其沉积相不同,埋藏深度有差异,再加上后期的成岩作用,其物性差别较大。

鉴于以上原因,目前的描述技术已不能满足砂砾岩体的识别及后续的油藏研究。因此,明确砂砾岩体识别特征,精细划分砂砾岩体沉积期次,对于准确预测砂砾岩体储层展布范围以及进行储层物性预测,具有重要的意义。

本次研究从勘探重点出发,针对勘探的主要对象即陡坡带中深层砂砾岩体和浊积扇砂砾岩体,通过层序地层学方法和传统地层对比方法的结合,利用地球物理技术,建立起一套操作性较强的砂砾岩体划分方法,并通过砂砾岩体期次划分,研究砂砾岩体沉积相类型及沉积相展布。

第二节　砂砾岩体期次发育特征

一、基底构造特征

东营凹陷具有北断南超(剥)、西断东超(剥)的不对称复式半地堑形态,在凹陷发育过程中,受多期构造运动的影响,北部控凹大断层——陈南断裂早期是NE和NW两组断裂形成的齿状组合,在后期的构造运动及风化剥蚀的共同作用下,演化成断坡陡峭、山高谷深、沟梁相间的古地貌。

北部陡坡带位于陈家庄凸起的南部,即凹陷北部边缘的陈南断层(带)一带。该主干边界断层的西段走向为NEE向或近EW向,东段为NWW—NW向。这些断层切割盆地基底的落差为2 000～4 000m。陈南断层剖面上表现为铲式正断层几何特征,其上盘发育一系列走向近EW向的分支断层,构成铲式正断层扇,其中规模最大的分支断层是与陈南断层大致平行延伸的胜北断层。胜北断层也是一条典型的铲式正断层,断层两盘的古近系各地层的厚度比表明该断层在沙三段沉积时期已经形成。凹陷中充填的古近系地层总体上呈NE向、近EW向展布,沉降沉积中心近邻主边界断层,表明这些断层对凹陷的沉积充填有明显的控制作用。

根据控盆断层的形态及古地貌特点,可将东营凹陷北部陡坡带划分为3种类型,不同的类型发育不同的沉积体系和成藏模式,如图1-2所示。受西部阶梯式边界断裂控制,宽缓的高台阶大面积发育洪积扇、扇三角洲,二台阶发育水下扇体;中部台地式边界断裂倾角小、坡度平缓,二台阶以上发育水下扇和扇三角洲,低台阶发育深水浊积扇,扇体平面上延伸一般为5～8km;东部的铲式边界断裂倾角大、坡度陡,主要发育水下扇,纵向相互叠置,横向上延伸距离一般为3～5km。也正是这种构造上的差异,从而导致了北带整体上西缓东陡的基底构造特征(图4-1)。

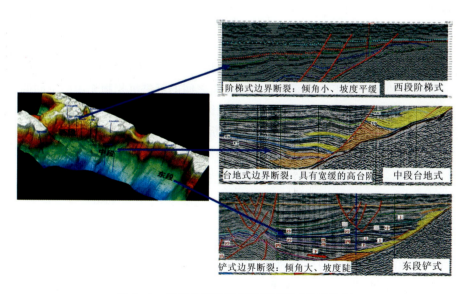

图4-1　东营北带砂砾岩体沉积基底构造特征

二、层序特征及影响因素

1. 层序研究内容及特征

东营凹陷陡坡带砂砾岩体在不同的沉积背景下的沉积具有非常大的差异，整体上呈现出西缓东陡的构造格局。在不同的沉积背景下，沉积物的分布与多少存在着比较大的差异。为了明确合理地解释这种沉积现象，我们引入了层序地层学的研究思路。

层序地层学是分析基准面变化的沉积响应、研究可容纳空间（充填沉积物的空间）与沉积作用的相互影响及其引起的沉积趋势变化的一门学科。也是根据地震、钻井及露头资料，结合有关的沉积环境及岩相古地理解释，对地层格架进行综合解释的科学。它研究的内容包括野外露头层序地层学分析，钻井资料层序地层学分析，地震资料综合解释等。通过以上资料的综合研究，确定层序界面，建立层序格架，从而更准确地分析沉积趋势和引起的沉积类型上的变化。

层序地层学起源于海相地层的研究，并认为全球海平面的变化是控制层序形成的主要因素，其基本观点是"地层的发育受到4个主变量的控制"。这四大主变量分别是：构造沉降、海平面升降、沉积物供给和气候。

其中构造沉降和全球海平面的变化所产生的相对海平面的变化决定着可容空间（新增可容空间）。而沉积物供给速度与新增可容空间的增加速度比例决定着地层的分布形式和古水深。气候则一方面决定着沉积物类型，一方面也决定着海平面的高低。陆相断陷湖盆层序地层特点也具有与海相地层发育相似的特点。也主要受到以上4个主变量的影响。而由于湖盆变化的快速性，特别是地质历史中，敞流湖盆与闭流湖盆的相互转化性，导致了湖相沉积变化的复杂性。

可容空间是指沉积物表面与沉积基准面之间可供沉积物充填的所有空间，包括老空间（早期未被充填遗留下的空间）和新增加的空间。新增可容空间是指在沉积物沉积的同时形成的可供沉积物充填的空间。

陆相湖盆中的沉积基准面有两种。一种是湖平面和河流平衡剖面。沉积物表面到这种基准面之间的所有空间成为可容空间，在沉积的同时形成的可利用的空间成为新增可容空间。陆相湖盆的另一种基准面叫盆地基准面，是由最低出口位置所决定的水平面或河流平衡剖面。这个面是一个抽象的面。沉积物表面到盆地基准面之间的可供沉积物充填的空间叫盆地可容空间。盆地可容空间是构造运动所控制的，与其他因素无关，当沉积物供应量超过了盆地的可容空间时，盆地的沉积作用就会停止，形成沉积间断或不整合面，即形成层序边界。这种层序边界往往超过整个盆地，因此这种层序又叫构造层序，完全是由构造旋回所决定的，其级别较高，往往属于一级或二级层序。可以说构造运动是层序发育的最为重要的控制因素。

2. 层序发育的影响因素

东营凹陷砂砾岩体就受到沉积受物源供给、沉积地形及断裂活动的影响，形成复杂多变的沉积过程。它的沉积变化趋势主要取决于物源供给量的变化和可容空间的变化。其可容空间则主要受沉积基准面变化和断裂活动的复合作用的影响。北带砂砾岩体受来自于陈家庄凸起的丰富的物源的供给，形成了多条物源通道，在认为物源供给量近似恒定的前提下，通过细化研究这一活动的匹配关系，可以更加清楚地认识到砂砾岩体的沉积过程。

1) 构造运动对层序发育的影响

构造运动是地球内幕地应力分布不平衡而导致的结果,总是遵循着一定的规律,进而控制沉积盆地沉积物的横向、纵向的分布。

东营凹陷作为济阳坳陷的一部分,也是陆相断陷湖盆沉积类型。主要的构造运动形式是边界大断层及其一些伴生的次级小断层的断裂活动。他们控制着盆地基底的总体构造沉降和盆地可容空间的形成。研究构造运动规律就是探索断裂活动的规律,包括了断裂活动的强度、持续时间、规模及其对盆地沉积可容空间的控制特点等。

东营凹陷北带断裂非常发育,他们对北断南超的凹陷形态的形成和演化起到控制作用。其中以基底断层的作用最为明显。基底断层是凹陷与凸起间的边界断层,也常称为控盆断层,这类断层延伸长,达数百千米;落差大,可达万米;活动时间长,从中生界至晚第三纪;均为伸展正断层,分为北东向和北西向两组,其中以北东向为主走向。东营北带即以北东向的陈南断裂为基底断层,呈现弧形特征,自始至终控制着凹陷的发生、发展。断层西段后期又继续向西南发展至高青地区;其东段至永安镇处向南东扭转。其西段利津段到后期的古近纪停止活动。

控制凹陷形成的边界大断层不是一次形成的,而是幕式活动的特点。不同的阶段其活动的规律不同。按断陷活动的发育时间、规模和强度。可以划分为中生代的断陷阶段、古近纪的断坳阶段和新近纪的坳陷阶段。这种构造运动的阶段性与层序发育的阶段性是直接相关的。其中断坳阶段是边界断裂活动最强的阶段,也是砂砾岩体发育最为集中的阶段。又可以划分为 3 个大的阶段,这也是边界大断裂活动强烈的 3 个大的阶段,即 3 个二级幕,其断裂活动的强度不同,因此,每个阶段所发育的地层层序特征也不一样。与之相对应的即是沉积期上的几个层序间断。

(1) 断坳初期巨层序。

该期边界断层活动较强,但其影响和控制的盆地范围较小,相应产生的可容空间也不大。故分布范围小,地层厚度横向变化大,从湖盆中心向边缘呈楔形。在沉积期上主要为孔店组—沙四时期,以河流相沉积为主,北部陡坡带斜坡上发育红层,深洼陷区则形成多个盐湖。

(2) 强断坳期巨层序。

是在断坳初期巨层序的背景上形成的,发育时期从沙三—沙二时期。该阶段断裂活动强度大,波及范围广,可容空间的产生速率远远大于沉积物供应的速率,湖平面分布范围大,而且深水区位于陡坡深凹处,早期前积层发育,常形成地层下超现象,而后逐渐转为退积型沉积,形成上超式沉积。强断坳期巨层序分布范围很广,湖盆中心和边缘厚度差别较大。

(3) 平稳断坳期巨层序。

该时期主要为沙一—东营组沉积时期,边界断层活动减弱,全盆地呈整体缓慢沉降,湖盆地形平坦。沉积物的厚度较小,全区分布稳定,陡坡、缓坡差异不明显。洼陷逐渐填平,湖盆规模减小。

2) 气候对层序发育的影响

气候时冷时热,时湿时干,带来的影响就是古生物发育的类型以及沉积物的岩相及岩性等的变化。因此根据古生物、自生矿物、孢子花粉的综合分析就可以判断古气候的特点。这就是常用的孢粉分析。历史上的气候变化具有周期性的特点,全球冰期和间冰期的交替出现,最直接的结果就是供水量的周期性变化。这种变化引起了湖泊水量的变化,进而带来了湖平面的变化。这种影响对于不同类型的湖泊的效果是不同的,对于敞流湖盆来说,当气候波动不大时,只会影响从湖盆最低出口点泻出去的水量,而不会引起湖平面的变化;但对于闭流湖盆则不同,由于湖平面低于最低出口对应的高程,故气候的波动能引起湖平面的明显变化,并导致沉积物分布范围的变化。因此气候对闭流湖盆的影响更为明显。对于敞流湖盆,气候的影响主要表现在对物源供给量的供应的控制上。

3)沉积物供应对层序发育的影响

湖盆沉积物供应是对层序发育的另一重要影响因素,沉积物供应量的多少影响着堆积的形态和平面展布范围。供给量多容易产生进积,供应量少则容易产生退积。

沉积物的供应量也同样受到多重因素的影响,这些沉积物除少量的盆地边缘山体滑坡之外,大部分是经过河流长距离从母岩区搬运而来的。因此母岩区的性质、抗风化能力是决定物源量大小的主要因素。东营凹陷北带的母岩区主要包括滨县凸起和陈家庄凸起,属于变质岩和火成岩母岩类型,长期的风化剥蚀为陡坡带砂砾岩体的形成提供了充足的物源。通常情况下,花岗岩、变质岩和沉积岩中的石英砂岩、硅质岩等母岩的抗风化能力更强,基性岩、火成岩、硅酸盐类的母岩的抗风化能力较弱,更易发生剥蚀。

构造运动也会影响沉积物供应量的多少,一方面构造运动加速了沉积区的物理风化作用,另一方面使河流携带能力增强,提高了沉积物的供应速度。

气候的变化也会引起沉积物供应量的多少,它主要是通过水量的变化引起河流搬运能力的变化。潮湿的气候条件下,雨量充沛,河流水源充足,可以携带更多的物质;干旱的气候条件下,湖盆水量供给较少的同时,物源供给也会明显减少。

3. 砂砾岩体的沉积期次特征

层序发育的特征受以上构造运动、气候变化、物源供给等多方面的复合因素的影响,在不同的条件下会形成形态各异的层序特点。可以说沉积影响因素的匹配关系是决定沉积层序特点的最终因素。这种匹配最终体现在沉积充填的速率与可容空间的变化速率的相对关系上。当沉积充填的速度小于可容空间的增加速度,沉积层序表现为退积;当沉积充填的速度等于可容空间的增加速度,沉积上就表现为加积;而当沉积充填的速度大于可容空间的增加速度时,即在沉积上表现出进积的层序发育特征(图4-2)。

从前面的构造活动分析中,可以发现东营凹陷砂砾岩体发育期与构造活动期的匹配关系最为明显。幕式断层的活动性决定了层序发育也具有了幕式沉积的特点。整个断坳期的3个2级幕就是砂砾岩体发育最为集中的3个沉积期。每个2级幕形成一个相对完整的沉积旋回,对应着沉积层序上的一个变化阶段,这3个时期分别对应着沉积期的孔店组—沙四段、沙三段—沙二下段、沙二上段—东营组。下面按沉积期分别分析各种因素对层序发育的影响。

1)孔店组—沙四段沉积期

该时期属于断陷活动早期,构造运动整体较强,东营凹陷北部的基底断裂活动导致控盆断层的断距持续增大。且自西段的利津地区到东部的永安地区沉降程度比较均匀,基底断裂的形态以铲式断裂为主。而在气候上,自孔店组—沙四下沉积期,本区处于炎热-干旱的气候环境。在物源供给上,长期遭受风化的母岩区物质疏松,形成大量风化壳残存物质。这些物质在河流的搬运作用下从陡坡到洼陷低洼区的斜坡上形成冲积扇等红层沉积,在盆地低部位出现下超的进积式沉积特征的盆底扇,而在远离物源的盆地内溶于水的碳酸盐大量聚集,在炎热的蒸发环境下,从而形成了一定规模的盐湖。体系域的划分上应属于低位体系域。

而这种沉积类型在沙四上时期则发生了明显的变化。受持续性断陷活动的影响,沙四上

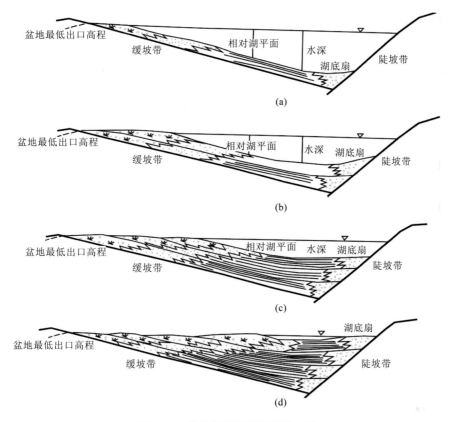

图 4-2 陆相湖盆层序发育模式图

时期湖盆逐渐扩张,而气候也开始由干旱环境变得潮湿,沉积物的供应和水量供应不断增加,湖平面升高。而可容空间受到沉降和湖面上升的综合影响,增加的速度明显超过了沉积物充填的速度,沉积开始变得呈退积式向盆地边缘上超为主,准层序组类型为退积式准层序组和加积式准层序组。沉积类型以近岸水下扇和深水浊积扇为主,同时构造运动的差异性逐渐显现,西段利津地区断裂除基底断裂之外,形成多级断阶式的多级断裂,而东段则表现为持续性的基底强断裂,控盆断层的差异性活动,使得两个区域的可容空间的变化并不一致。西段可容空间的增加速度明显小于东段可容空间的增加速度,使得西段除退积式的沉积外,还存在着多期进积式的沉积;东段持续性铲式断裂的活动特点使得可容空间增加速度持续大于沉积充填的速度,保持退积式的沉积特点。这一时期为湖侵体系域,或者成为湖扩展体系域。这一时期北带地区发育的深湖—半深湖的泥岩和油页岩沉积非常发育。生物繁盛,有机质丰富,形成优质的烃源岩,它们与该时期形成的砂体形成了良好的生储盖组合。

2) 沙三段—沙二下段沉积期

沙三段时期,东营北带地区控盆断裂的活动持续增强,而北带东西区域性的构造运动的差异性也进一步增强。整个断裂活动在沙三中时期达到最强,而后开始减弱。但整体上受潮湿的气候环境带来的降水及湖平面扩张的影响,基本上均处于深湖相的沉积。但由于不同阶段构造活动的差异和物源供给的不均衡使得沉积类型上又有所不同。

其中沙三下沉积时期,湖盆再次扩张,发生全区性的湖侵,形成一期新的湖侵体系域。大量富含有机质的泥岩和油页岩再次沉积下来，进而形成了一套新的烃源岩。沉积类型上基本重复了沙四上沉积时期的特点，以冲积扇、近岸水下扇和滑塌浊积扇为主。但西段沉积中心逐渐向凸起顶部迁移，在陈南断层的高台阶快速堆积，因而以冲积扇为主。同时受沉积区迁移的影响，沉积可容空间迅速减小，物源供给则有所增加，因而沉积上变为进积型的沉积类型。而东段的盐家地区由于沉积充填速度明显小于构造沉降和湖盆扩张的速度，沉积上仍以退积型沉积的近岸水下扇为主。在深洼陷区东营凹陷的长轴方向，有物源开始重注，随着物源持续性地注入，形成了规模巨大的河流-三角洲沉积体系，也就是东营三角洲。

沙三中时期，湖平面的上升已接近高位体系域的最大湖泛面，北带西段利津地区的湖平面已接近滨县凸起和陈家庄凸起的顶部，顶部母岩区发育的碎屑物质在早期的下切水道及宽缓的斜坡上快速聚集，形成新的冲积扇为主的沉积。且由于快速堆积，推进距离近，分选较差，形成沉积物以砾岩为主，体系域上属于低位体系域。东段的胜坨及盐家地区受铲式断裂活动的控制，可容空间继续增加，因此砂砾岩体的沉积仍为退积型的沉积类型。这一时期东营三角洲沉积体系开始逐渐扩张，自东向西迅速扩大的东营三角洲开始逐渐将东段的湖盆填平，深洼陷区的可容空间逐渐减小萎缩，进而逐渐影响整个北带的沉积。

沙三上沉积时期，东营凹陷构造活动持续沙三早期东西两个地区的差异，仍以东强西弱的特点沉降，导致西段可容空间的增加速度明显小于东段地区可容空间的增加速度。气候上潮湿的气候条件有所变化，水量有所减少，导致砂砾岩体的物源供给速度明显有所减少。利津地区-胜坨地区的砂砾岩体仅在高台阶发育，低台阶的深湖区发育大量白云岩，也表明这一时期的沉积环境非常稳定；而东段盐家地区的砂砾岩体在沉积上仍保持持续性的退积沉积，并且随着沉积期的增长，东营三角洲沉积的区域也进一步向西扩大，已经延伸到利津地区。使得东营凹陷湖盆的规模迅速减小，深湖区的可容空间减小的程度也越来越明显。

沙二下亚段时期，湖体的深度发生了非常大的变化，湖平面抬升到最大，但湖底随着沉积充填的作用却在迅速升高，越来越接近敞流湖盆的出水口的高度，而可容空间变得很小，陈家庄凸起大部分已经沉到湖平面以下，因而物源供给的规模和能力也有所减小。整个时期沉积的砂砾岩体仅在利津凸起边缘的山口处聚集，形成小型扇体。

3) 沙二上段—东营组沉积期

这一时期属于断陷活动的晚期，也是构造运动逐渐减弱的时期，沉降速度慢，可容空间小，物源的补给充分，是北部湖盆被快速淤浅的阶段，也是东营凹陷逐渐消亡的时期。

沙二上—沙一段时期气候又变得潮湿，水量充沛。其中沙一段早期，三角洲、扇三角洲、辫状河三角洲发育，湖盆迅速被填平，河流－三角洲的沉积类型是这一时期最为主要的沉积类型。而在沙一段后期受全球海平面抬升的影响，发生了短期的海侵事件，从而导致了水体较为剧烈的波动，发生了水体变深的现象，生物礁灰岩发育。

其后发生的东营组沉积则以河流相的沉积为主。受东营三角洲沉积体系的影响，东营凹陷深洼陷区已基本消失，可容空间主要是由北部构造活动重新产生窄而小的湖盆，因此东营组的沉积主要就是发生在东营北带地区，在东营组的末期又基本上被填平。

4. 砂砾岩体期次划分的地震地质基础

1) 砂砾岩体沉积模式

通过分析沉积充填与可容空间变化的关系，可以将东营凹陷砂砾岩体的沉积模式概括性的分为两大类。

(1)盐家模式。

盐家地区受铲式断裂活动的影响,沉积时断裂活动强烈,控盆断裂断面陡直,从而可容空间的形成速度远远大于物源供给的速度,从而形成了以退积型为主的砂砾岩体沉积模式。这种沉积表现为,相变快、相带窄、快速堆积的特点。以盐22井的钻井结果来看,自下而上粒度变细,单层砾岩的厚度也呈变薄的整体趋势。它是一种比较典型的退积式沉积。沉积的类型上主要为近岸水下扇和前方形成的少量滑塌扇。如图4-3为盐家退积型砂砾岩体沉积模式。

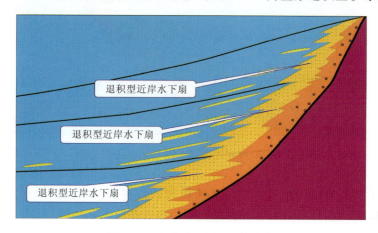

图4-3 盐家退积型沉积模式图

(2)利津模式。

利津地区砂砾岩体受断阶状构造的影响,基底的坡度相对较缓,因此沉积可容空间的变化受断裂活动不稳定的影响。可容空间也是时大时小,当沉积充填速度大于可容空间增加的速度时,就发生了进积;而当沉积充填速度小于可容空间增加的速度时,就发生退积。从利853井的钻井结果就发现这一地区砂砾岩体在厚度和粒度上均出现了时厚时薄、时粗时细的特点。说明进积和退积沉积在利津地区是重复出现的,从而形成了进积-退积叠覆式的沉积模式。对于这种沉积模式来说,当发生进积时,沉积相带宽,相变慢,储层物性整体较好,并且更加容易发生滑塌;而退积式沉积时,则主要发育类似于盐家地区的沉积,相带变窄,物性变差(图4-4)。

总之,东营凹陷砂砾岩体的沉积模式可以划分为退积式和进积-退积叠覆式两种沉积类型,并且有各自的特点:退积式沉积主要以盐家地区为主,快速堆积,相变快,相带窄,整体物性较差;而进积-退积叠覆式则主要以利津地区和胜坨地区为主,沉积不稳定,相带变化慢,相带较宽,整体物性相对较好。

2)正演特征

根据东营北带砂砾岩体的沉积特点,结合地震剖面与钻测井资料得到的岩层速度,建立与退积式沉积模式和进积-退积叠覆式相对应的正演模型。

退积式沉积模型控盆断裂断面陡直,砂砾岩体层层上超,多期叠置;进积-退积叠覆式沉积模型基地坡度较缓,砂砾岩体期次表现为进积-退积多期次混杂叠置沉积。

基岩面附近钻井揭示纵向的岩性组合主要为砂砾岩间夹泥岩,两者之间明显的速度差异为识别砂砾岩体提供了基础。在地震剖面中,砂砾岩体与顶底泥岩间一般均有强振幅出现。

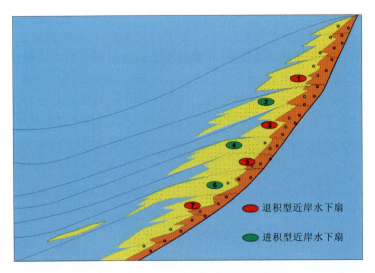

图4-4 利津进积-退积叠覆式沉积模式图

砂砾岩体的速度由横向地震剖面与纵向钻测井数据共同确定。以利561—利563—利565—利35—利912连井典型剖面为例(图4-5),靠近湖盆边缘的利561井、利565井沙四段均呈现大套砾岩,认为该井区砂砾岩体位于扇根部位;砂砾岩体之间夹有薄泥岩,认为是不同期次之间的泥岩隔层。顶部声波测井值多集中于 $75\mu s/ft$[①],换算得砂砾岩体速度约为4 000m/s左右,随着深度的不断增加,声波测井值逐渐减小,对应砂砾岩体速度不断增加,到

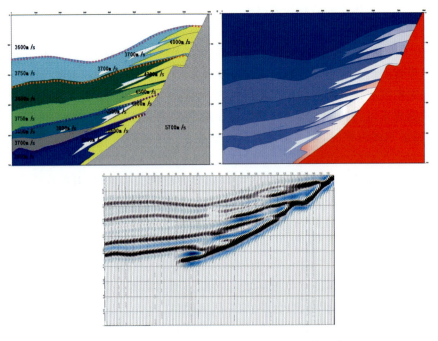

图4-5 利津进积-退积叠覆式沉积模型正演模拟结果

① 1ft=0.304 8m

沙四底部时声波值可达到 60μs/ft 左右,对应砂砾岩体速度约为 5 000m/s。随着不断往湖盆内部的深入,到利 565 井时,砂砾岩体粒度逐渐变细,厚度逐渐变薄,泥岩隔层较之前增多,认为砂砾岩体处于较稳定的扇中部位。延伸到利 35 井时已经表现为大量薄砂体不规则地夹杂于薄泥岩之间,此时认为处于砂砾岩体扇端位置,沙四段埋藏深度明显增大。顶部声波测井值集中于 82μs/ft,对应砂砾岩体速度约为 2 700m/s。分析认为同一期次的砂砾岩体其扇根、扇中、扇端部位的速度也存在着一定差异,可能是由于不同的埋藏环境和含油气性所导致。进入到湖盆内部的利 912 井时,沙四段主要表现为泥岩夹薄砂体,认为存在砂砾岩体滑塌,速度相对于扇主体较低。

在此基础上,对砂砾岩体模型进行速度填充,将砂砾岩体看成是由多个小层组成,把前面利用声波时差曲线计算好的对应的各套泥岩、砂岩速度作为层速度进行填充。为了更加符合实际,对某些砂砾岩扇体实现扇根、扇端和扇中的变速填充,从而更为合理地体现出扇体相带上的物理变化。

依据沉积模式分别建立起了盐家退积式模型和利津进积-退积叠覆式沉积模型,并以实钻井数据作为基础数据,建立其对应的地质地震模型,并采用声波波动方程方法进行正演模拟。

正演模拟的结果表明,东营凹陷北部陡坡带中深层及盐下的砂砾岩体其内部反射均表现为较弱的杂乱反射,特别在陡界面成像杂乱,断层边界附近的相带较窄,砂砾岩体本身的速度与顶底泥页岩围岩速度差异较大,与泥页岩接触的界面如果有一定的稳定性和延伸长度,剖面上有较强的反射出现;膏盐岩与断层根部砂砾岩体接触面大多没有强反射;盐下堆积的砂砾岩体大多表现为块状杂乱弱振反射,其间较为连续的反射与不同期次的沉积砂体有关。

更为重要的是,正演特征揭示出每一个地震同相轴至少对应一期砂砾岩体的反射,因此,利用地震资料来解剖砂砾岩体的内幕结构具有合理的数理基础,具有良好的可行性和可操作性。

第三节 砂砾岩体期次划分方法

一、期次划分技术流程

砂砾岩体的沉积特征为期次的划分提供了有力的证据,近岸水下扇体的每一个反射单元的地震参数,如反射系数、反射结构、几何外形、振幅、频率、连续性等,均不同于相邻的反射单元,具有强对比性,因此以近岸水下扇为基础对北带砂砾岩体进行期次划分,将近岸水下扇每一沉积序列划分为一个期次。

在地层的划分和对比中,目前较常用的是层序地层学方法。对于稳定的点物源条件下的沉积充填,利用层序地层学方法可以获得较好的效果。但是对于事件性沉积,由于多期次叠置、沉积变化较大以及多物源的特点,特别是在精细划分的过程中,往往很难找到区域可以对比的界面,因此层序地层学方法受到限制。

陡坡带砂砾岩体,特别是深断陷期沉积的砂砾岩体,具有事件性沉积特点,多个物源入口使得不同方向物源相互交汇,很难根据砂砾岩体的分布和叠加特征进行横向对比。但是,对于事件性沉积来说,每一次粗碎屑物源输入之后的一段时期,总会发育一段区域上稳定的泥岩。这些稳定泥岩从湖盆中心向湖岸呈楔状形态,通过对比稳定泥岩,可以从侧面实现对砂砾岩体的等时对比。

由于陡坡带砂砾岩变化快,不易对比。因此,在工作方法上,先从洼陷区的标准井出发,结合从洼陷带至陡坡带连井剖面,建立等时地层格架,建立了12条骨干剖面。在对骨干剖面结合钻井资料进行精细的地层对比,并利用地震地层学原理进行层序划分。在期次划分的过程中,首先利用测井信息进行单井的期次划分;然后利用合成记录,将单井的期次划分结果标定到地震剖面上,根据不同期次所对应的地震响应特征,在地震剖面上进行期次的横向追踪。在此基础上,卡准大尺度期次,再利用地震约束等方法划分小尺度期次,具体的对比思路见图4-6。

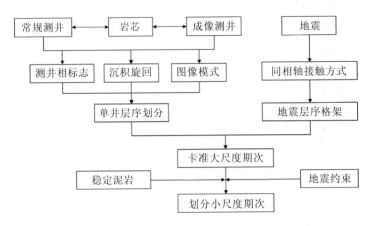

图4-6 砂砾岩体期次划分流程图

二、大尺度(三级层序)期次划分方法

1. 划分方法

1)地层对比

由于东营凹陷陡坡带砂砾岩体发育的主要层位为沙三中—沙四段,因此本次地层对比主要针对砂砾岩体发育的主要层段而进行的(图4-7)。通过对盐22、丰深1等井进行多元综合标定,在地震上划分出大的期次。地震上每一期次的顶界面都是一个较强的地震反射同相轴,每一期次底界面之上有同相轴向物源方向上超、向盆地方向下超的特点。通过横向上追踪,可以明确每一大的期次的沉积范围。

(1)沙四段。

本段地层按两分法,分为上、下亚段。

①沙四下($Es_4^下$)。洼陷带下部(红层段)为紫红色泥岩夹棕色、棕褐色粉砂岩和砂质泥岩和薄层碳酸盐岩,有数量不等的盐岩及石膏夹层。视电阻率曲线变化较大。盐岩石膏和碳酸盐岩层多为高阻尖峰。自然电位曲线在对应砂岩部位为明显负异常,异常幅度变化较大。上部(蓝灰段)以蓝灰色泥岩、灰白色盐岩石膏层为主,夹深灰色泥质白云岩及少量灰色、紫红色泥岩。蓝灰色泥岩多集中在上半部,盐岩石膏层多集中在中下半部。视电阻率曲线下部为中—高阻尖峰,向上逐渐变代近于平直。自然电位呈小波状起伏。地层厚度300~600m。

胜北断层上升盘和盐家陡坡带沙四下地层下部以砾岩、砾状砂岩为主,夹紫红色、灰绿色

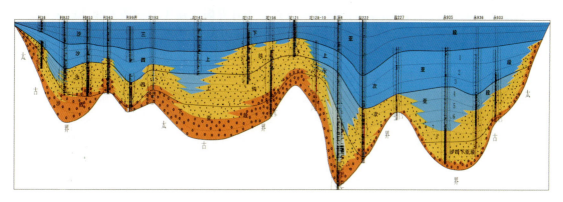

图 4-7 东营凹陷陡坡带东西向地层对比图

泥岩、含砾砂岩、含膏泥岩及薄层碳酸盐岩,上部为灰白色砾岩、砾状砂岩、含砾砂岩,及灰白色盐岩、石膏。地层厚度 700～1 300m。

②沙四上($Es_4^上$)。洼陷带下部(纯下层)褐灰色泥岩、油页岩、灰质泥岩夹薄层白云岩、灰质粉砂岩,电阻为梳状高尖。上部(纯上层)褐灰色厚层灰质页岩、油页岩、灰质泥岩,电阻为块状高尖。厚度 200～400m。

胜北断层上升盘和盐家陡坡带下部(纯下层)岩性为砾岩、砾状砂岩为主,夹褐灰色泥岩、灰质泥岩。上部(纯上层)为砾岩、砾状砂岩为主,夹褐灰色厚层灰质页岩、灰质泥岩。胜北断层下降盘为深灰色泥岩、灰质泥岩夹薄层含砾砂岩。沙四上地层厚度 500～1 000m。

(2)沙三段。

沙三段地层分为上、中、下亚段,简称为沙三上、沙三中、沙三下。在本区厚度约 1 500m。

①沙三下($Es_3^下$)。洼陷带主要为棕褐色、黄褐色油页岩夹深灰色、棕褐色泥岩,以在全凹陷广泛分布油页岩为特征(厚 100～200m),电阻顶底部各有一组中—高阻尖峰,中部电阻低平。

胜北断层上升盘和盐家陡坡带为深灰色砾状砂岩、砾岩夹泥岩、灰质泥岩、油页岩,顶部油页岩较发育。胜北断层下降盘为黄褐色油页岩、深灰色泥岩、灰质泥岩夹薄层含砾砂岩。地层厚度 300～800m。

②沙三中($Es_3^中$)。下部为深灰色泥岩、灰质泥岩夹含砾砂岩、薄层灰质砂岩,上部为厚层块状含砾砂岩。中下部电阻低平,顶部炭质页岩为中—低阻尖峰。地层厚度 400～500m。

2)期次划分方法

大尺度沉积期次一般在地震资料上有较明显的反射特征,利用地震反射特征和同相轴接触方式,进行大尺度期次界面的识别,通过单井与地震资料的相互标定和约束,划分出砂砾岩体大的沉积期次。

东营凹陷整个陡坡带东、西各有自己的地震反射特点。对于陡坡带西段来说,存在几个共识的近似等时地层界面。沙三段底部为 T6 地震反射层,与下伏地层呈平行不整合或角度不整合,利 565、利 933 等多口井钻遇该不整合面。沙四上纯上和纯下的分界面为 T7 地震反射层,利津洼陷滩坝砂岩(灰质、白云质砂岩)集中段的顶部,利津二台阶大套砂砾岩体集中段的顶部,为该反射层。结合自然电位由平直状变为锯齿状、电阻率突变等测井曲线的变化特征,该界面在钻测井上比较容易识别。陡坡带东段尤其是胜北大断层下降盘还存在两套沉积稳定的盐膏层,分别为盐1和盐2,二者的顶界面可看作等时界面。盐1为沙四上和沙四下的分界面,盐1之下为沙四下地层。几个反射层在地震上表现为较为清晰的连续的强反射,为连续追踪打下基础。

在以上认识的基础上,依据单井相分析结果,将研究区内的实钻井按照近岸水下扇、冲积扇、扇三角洲、滩坝等进行区域上的划分,然后对于同一类型井,寻找大套砂砾岩体顶部、岩膏等标志层或不整合面,结合同类井及邻近井进行部分特征明显的井的层序划分。标志层不明显的井,可参考测井曲线、岩性组合、沉积旋回等特征进行初步划分,沙四上纯下大套砂砾岩体砂组划分并没有明显的标志层,但结合成像测井等进行沉积旋回划分。在单井层序划分的基础上,不同类井之间层序划分肯定存在差异,需进行校正。一方面进行连井地层对比,确定区域上层序是否一致,不一致则进行校正;另一方面,通过井震标定,将所划分的层界面标定到地震剖面上,根据地震同相轴的连续性(共识的等时界面),在合成记录准确标定的基础上,确定划分层序是否一致,不一致则查找原因,进行校正。该方法体现了层序地层学与沉积之间相互印证相互反馈的思想。通过以上的工作初步确定出砂砾岩体大的沉积界面(图4-8)。

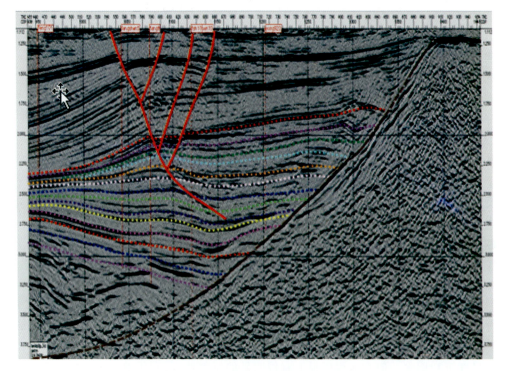

图4-8 大尺度期次划分结果

砂砾岩体的期次划分的核心内容就是沉积层序的划分与解释,在结合前人单井相分析及岩、电性特征分析的基础上,根据研究区的实际地质-地震条件,研究对中深层砂砾岩体期次划分。

同时为保证期次划分的准确性,具体过程中还要参考以下几方面的工作:

(1)根据钻井相及地震相特征对区域近岸水下扇进行识别及沉积相划分,以地震相和沉积相的宏观发育特征来约束小层的划分。

(2)参考前人以层序旋回划分小层的认识和结果,根据钻井岩性的组合特征,以较稳定和大套较厚的泥岩层作为小层的顶界面。

(3)在测井曲线上,主要以自然伽马曲线中出现箱形特征或曲线值发生突变作为小层的划分界线。

(4)在地震剖面上,以强反射同相轴作为小层和沉积期次划分的界线。

(5)在地震属性的应用中,主要参考对层状边界反映敏感的瞬时相位属性。

(6)利用地震反演结果,以连续的波阻抗界面作为小层和期次的界线。

3)技术关键

地震层序划分是地震沉积学的基础内容,弥补了钻井层序划分横向分辨率低的缺点,能够在空间上更加精确地划分沉积层序。年代地层学是对地层记录进行分析,并将地层分成若干由等时面的下伏和上覆单元分隔开的沉积体,或用一个特定年代表征的岩体。

Wheeler(1958)提出了层序地层学图表,图表中绘出了垂直地质时间域而不是深度域的地层横剖面。Wheeler图形(地质年代域图形)是指示不同地层单元中确切的年代范围及标识不整合的一种非常有用的方法。建立地质年代域图形的核心技术就是将时间域或者深度域的地震资料转化为地质年代域(图4-9)。

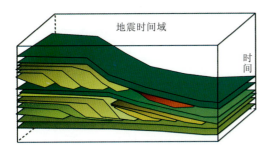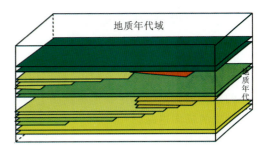

图4-9 地质年代域转化模型(据Wheeler,1958修改)

具体实现方法是:对地震数据进行倾角滤波处理,应用处理后的资料,进行等时沉积界面自动追踪,把所有地层界面拉平,再将等时沉积界面转化为垂直于地质年代的剖面,对地质年代域剖面进行层序划分,从而得到沉积层序结果。

在这一过程中,同样选择数据控制的相位驱动和数据驱动分别进行计算,相位驱动是自动追踪地震数据中的波峰、波谷和零相位,利用地震数据的振幅进行追踪,不受顶底层约束,追踪结果杂乱无章,相位错断无序,解释质量差,不易进行层序解释;而数据驱动解释结果能克服以上不足,较为符合地震反射特征。

以层序界面为控制,对数据进行驱动,进行等时界面追踪,对自动追踪的小层进行Wheeler域转化,获得相对等时的沉积旋回韵律体剖面,实现了由地震剖面向地质剖面的转换。在沉积旋回韵律体(地质年代域)上结合地震剖面小层追踪结果,利用可视化三维显示,能够较容易识别和划分出层序界面、正反旋回、体系域等,从而进一步精细划分出砂砾岩体的期次,根据体系域的划分结果,在地震剖面上就可以找到相应的等时地层界面(图4-10)。

在大尺度期次划分技术中,以地震强反射同相轴作为小层和沉积期次划分的界线。关键是数据驱动层序精细划分方法的合理应用,本方法克服了模型控制的不足,实现了时间域—地质年代域—时间域的转换,实现了复杂地区层序精细对比和划分。

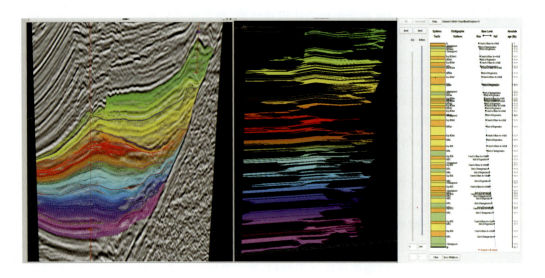

图 4-10 数据驱动层序精细划分示意图

三、小尺度（四或五级层序）期次划分方法

1. 单井期次划分

在小尺度期次划分的过程中，首先利用测井信息进行单井的期次划分，利用合成记录，将单井的期次划分结果标定到地震剖面上，根据不同期次所对应的地震响应特征，在地震剖面上进行期次的横向追踪。

1）影响因素

单井期次划分，就是通过测井解释或其他方法等识别层序界面。在实际的应用中发现期次识别的方法和影响因素主要有以下几点。

（1）岩性识别。

根据薄片分析、钻井取芯和井壁取芯等资料，对研究工区所钻遇砂岩、砂砾岩、盐岩、膏盐岩和片麻岩等岩性进行识别。优选对这些岩性比较敏感的曲线，利用岩芯和岩屑录井资料进行综合分析，利用交会图进行了岩性识别模版建立，针对沙三下段和沙四段进行重点岩性识别。

从储层测井响应及岩性、物性等综合分析的基础上，优选了对膏盐岩、盐岩比较敏感的中子、密度、自然伽马等曲线进行了定量的岩性划分，建立了岩性交会识别模版图（图4-11）。同时，根据沙三段与沙四段岩性在测井曲线上的差异性，分别按层段进行了统计识别。

从中子-密度-自然伽马交会图上可以把膏岩盐、岩盐与砂泥岩区分出来。这对下一步测井相的划分、储层之间的纵横向对比奠定了基础。对于砂泥岩的岩性识别，采用定性和定量的方法进行识别，结合录井岩性进行比较识别的岩性比录井岩性精度高。

（2）测井相划分。

在岩性定量识别基础上，通过各种曲线的频率图和交会图，用数学方法按照某种相似性或差异性指标，定量地确定亲疏关系，并按这种亲疏关系程度对电相进行分类。

优选了中子、密度、自然伽马、光电吸收截面指数、深电阻率等对岩性比较敏感的曲线，利

第四章 砂砾岩体期次划分方法

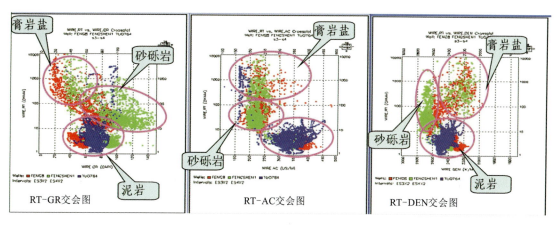

图 4-11 岩性交会识别模版图

用基于图形群算法(MRGC)来划分重点探井的测井相。

通过测井相的建立,层段的旋回性清晰化,更加易于扇体纵向划分、横向对比,为下一步扇体的划分奠定基础。从测井相划分图(图 4-12)上可以看到,研究目的层各扇体均表现为自下而上由粗变细的正旋回,与常规录井相比砂泥岩互层特征明显,旋回性特征清晰,大套砂砾岩中的泥岩夹层与泥岩中的薄层砂岩得到了区分和识别。

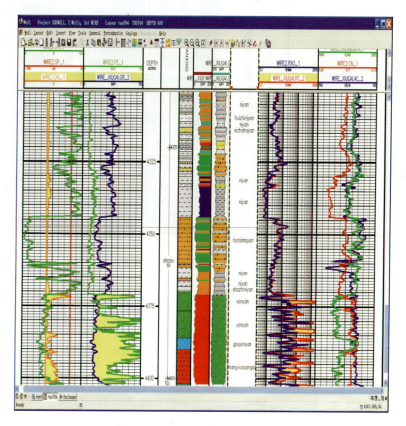

图 4-12 坨 764 井测井相成果图

2)单井期次划分

单井期次划分目前常用的有钻井识别、测井成像识别、时频分析识别等方法。采取由小到大的思路进行单井层序划分。首先,利用岩芯资料,观察岩石类型、粒度变化、沉积构造等,据此划分出岩芯级别的沉积旋回;其次,将岩芯资料和测井资料进行标定,建立起测井旋回标志;再次,根据测井曲线的叠加模式,利用层序地层学进积、加积、退积的叠加样式的分析方法,划分出高级别的旋回。为了弥补岩芯资料的不足,同时利用FMI成像资料进行旋回划分,通过将FMI图像和岩相特征建立关系,实现不同级别沉积旋回的划分。

(1)岩芯旋回划分。

根据岩芯观察,识别出高频沉积旋回,并建立对应的测井旋回识别标志。图4-13中右面的岩芯显示了纵向上沉积韵律的变化,并可见明显的冲刷面,据此将该取芯段划分出12个最小级别的旋回。各旋回厚度大小不一,有的旋回厚度不到1m,有的旋回厚度2~3m。旋回厚度的变化及岩性的变化,反映出物源供给量的差异。12个旋回中,有的是正韵律,反映了该井点上物源供给的逐渐减小;有的是反韵律,反映了该井点上物源供给的逐渐增加。不同的韵律性,在电性曲线上具有不同的形态。根据测井曲线形态的叠加样式,可将岩芯级别的旋回进一步合并,形成高一级别的旋回,依次类推,建立更高级别的旋回。

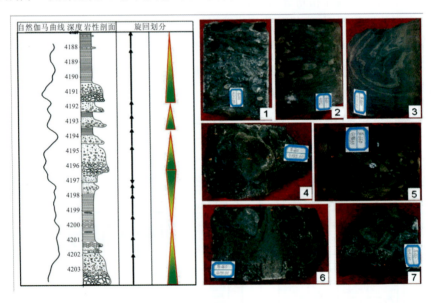

图4-13 岩芯旋回识别与划分

依据上述方法,将12个岩芯级别旋回合并成5个较高级别的旋回,其中4个退积式旋回,反映了物源供给的减小,自然伽马曲线上呈钟形;1个进积式旋回,反映了物源供给的增加,自然伽马曲线上呈漏斗形。

(2)电性特征与期次划分。

砂砾岩体大都对应电阻率曲线的高阻异常。电阻率曲线形态与沉积时的水进和水退及离物源区的距离、供给速率、水流能量的强弱、沉积背景等因素有关。电阻率包络线为漏斗形,代表为水进型,包络线为钟状则代表的为水退型。箱形的电阻率曲线则为砂砾岩体厚度较大时出现。在电性曲线上,将每一个箱形、钟形或漏斗形单元划分为一个期次(图4-14)。

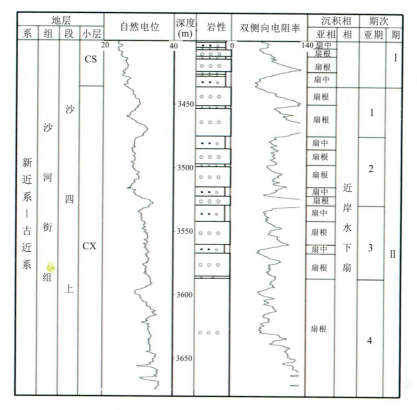

图 4-14　单井电性特征划分（永 920 井）

(3)成像测井旋回模式。

成像测井是一种储层精细描述技术，在井下采用传感器阵列扫描或旋转扫描测量，沿井纵向、周向、径向采集地层信息，传输到井上以后通过图像处理技术得到井壁的二维图像或井眼周围某一探测深度以内的三维图像。FMI 测井仪（即全井眼地层微电阻率成像测井仪）一次下井测量可采集 192 条微电阻率曲线，并经数据成像处理后可以得到视觉直观的井壁图像，纵分辨率高达 5mm，具有很高的纵向、横向分辨能力，它是常规测井分辨率的 100 倍，因而在揭示井周岩层岩性、沉积结构和构造、沉积韵律性等方面比以往的测井曲线方式更精确、更直观。在一定条件下，砂砾岩的 FMI 图像不仅可以与其岩芯资料相媲美，而且在沉积体定位方面更具优势，因而可以极大地提高复杂岩性油藏的识别能力，可以用来进行精细的砂砾岩体沉积旋回识别。

由于 FMI 图像的形状特征和颜色变化主要受地层岩性成分、结构和构造等因素的影响，因而可以利用岩芯资料对 FMI 图像资料进行刻度及对比分析，以消除地质解释的多解性，进而建立不同类型的岩相模式。实践经验证明，利用成像测井资料进行沉积旋回识别的关键在于合理实现"图像"与"岩相"的转换。

东营凹陷北部陡坡带在沙四段和沙三段沉积时期发育大量的砂砾岩体，利用上述建立的对应关系，可以实现成像测井信息中的图像向沉积岩性组合的岩相信息的转化，比如利用成像测井中（高亮度）块状模式可以识别砾石颗粒及砾石层的存在，发现颗粒流中可见巨大的漂砾，初步确定其为主河道块状颗粒支撑碎屑流夹片流，属于沙四段冲积扇的扇根沉积（图 4-15）。

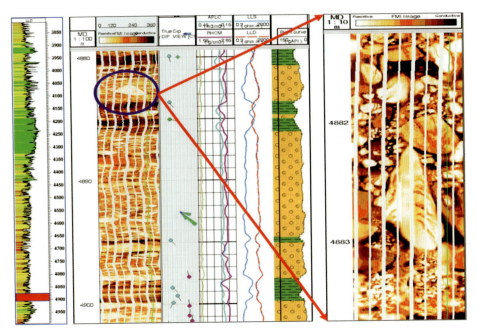

图 4-15 成像测井中块状模式用于识别砾石颗粒及砾石层实例

再如,在该井沙三下地层的成像测井信息中发育大量的暗纹层、杂斑点模式,代表了砂砾岩体顶部的细粒沉积,常具有指相作用(图 4-16)。可进一步识别出鲍马序列 BCD 段,具有滑塌浊积特征,为近岸浊积扇的扇端。

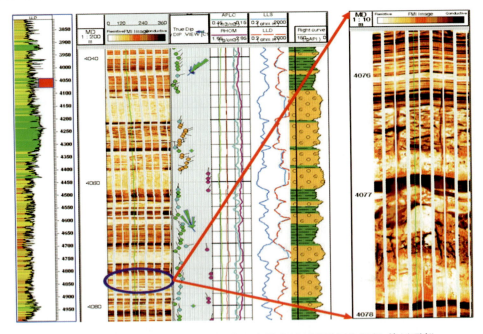

图 4-16 成像测井中暗纹层模式、杂斑点模式用于识别细粒沉积、旋回顶部

为了进行大套砂砾岩体沉积旋回的划分,需要在岩相识别的基础上进一步进行沉积相序的识别。识别过程中,常用到的、直观而具有指相意义的岩相主要包括碎屑支撑或杂基支撑的砂砾岩相、细砾岩相、块状砂岩相、具层理特征的砂砾岩相和具鲍马序列的递变砂砾岩相。

其中,碎屑支撑砂砾岩相包括砂质砾岩、块状砾岩。在 FMI 静态图像上一般以白颜色模式显示。在动态图上可明显看出以亮色显示的颗粒以及以暗色显示的粒间基质等斑状模式,说明这类岩石以粗砾、中砾、细砾以及泥质等混杂堆积为特征,岩石的分选和磨圆性均较差,无任何层理显示,底部可见负载构造,顶部可见泥质充填构造。与上、下岩层相比较,常规测井曲线电阻率值明显增大,且微球聚焦和邻近侧向等类型的电阻率曲线呈明显的锯齿状,这是砾岩层区别于纯砂岩层的主要特征。这种砾岩为近岸快速堆积,解释为近岸水下冲积扇扇根主河道沉积。多数碎屑支撑砂砾岩相为无序的块状或隐见粒序,但在局部层段的碎屑支撑砂砾岩相中,也可发现具有反递变粒序特征。

鲍马序列的砂砾岩相在 FMI 图像上的特点表现为底部能见到清晰的粒度递变层理,由下到上,由粗变细,颜色由亮到暗(图 4-17)。底部最粗的砂砾岩呈现蜂巢状,颜色变化不均匀,构成鲍马序列的 A 段;向上为呈平行层理的中、粗砂岩 B 段,可见波状平行层理,颜色分布均匀且较下部暗,反映电阻率低,粒度较下部细;C 段 FMI 图像可见明显的小型波状层理,颜色暗且均匀,反映岩性变细且沉积能量变低(岩性为粉、细砂岩);D 段为暗色的泥质粉砂岩,FMI 图像颜色更暗,层理显示更明显;顶部为颜色最暗的泥岩段 E 段,呈块状。在常规测井曲线上可见正韵律沉积特征,解释为浊积岩相。

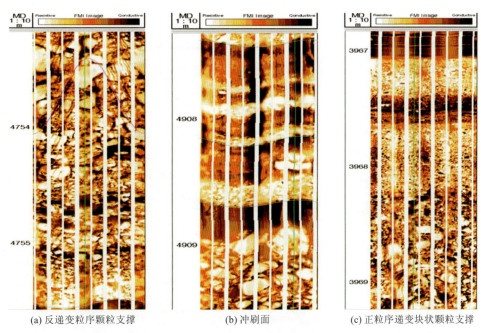

(a) 反递变粒序颗粒支撑　　(b) 冲刷面　　(c) 正粒序递变块状颗粒支撑

图 4-17　砂砾岩体发育段成像测井图像中典型相序特征识别

2. 四级层序地震反射特征

1) 内幕地震响应特征

砂砾岩体多为水下冲积扇沉积,在地震剖面上其反射形态可见楔形和丘形。在平行沉积方向的地震剖面上,可以看到楔形杂乱反射,向湖盆中央方向,反射结构逐渐变好并过渡为正常湖相席状反射;在平行沉积走向的地震剖面上,近岸水下扇呈顶凸底平的丘形杂乱反射,丘体两侧被正常湖相席状反射上超。还有一些由于测线与扇体的展布方向斜交而造成的过渡形态。

在确定了近岸水下扇的包络面基础上,可进一步进行亚相的划分。区域近岸水下扇扇根亚相沿凸起大断面分布,在地震剖面上反射层理不清,无明显的波阻抗界面,以弱反射、无反射或杂乱反射为特征。扇中亚相稍远离大断面,向湖盆方向推进,在地震剖面上的反射具有明显的波阻抗界面,同相轴延伸较远,以中至强的变振幅亚平行反射为特征。扇端亚相位于浅湖至深湖区,在地震剖面上以中至高频、中至低振幅的连续反射为特征,与湖相沉积之间有一个突变的界面或呈角度接触。

在瞬时相位的剖面上(图4-18),可以清晰地看到扇体内部的层状结构,相位是对地层的层状边界的敏感参数,这种层状特征可以用来指导扇体小层及内部期次的划分。在瞬时振幅的剖面上,可以看到在扇体沉积与湖相沉积边界处,瞬时振幅表现为高能量紫色,连续的紫色与扇体的包络面边界基本吻合,可以看出振幅对扇体边界的划分有明显的指示作用。在瞬时频率的剖面上,可见扇体内部许多部位显示低频的黄色和红色,认为是扇体内部沉积物颗粒相对较大的砂砾岩部分,因颗粒较粗而引起共振频率的相对较低。而在扇体外部的湖相沉积处,同样发现有低频的黄色和红色部位。区别于砂砾岩沉积的呈团块状,湖相内的低频沉积表现为延伸较长的水平条带状,认为是湖相的膏盐岩沉积。

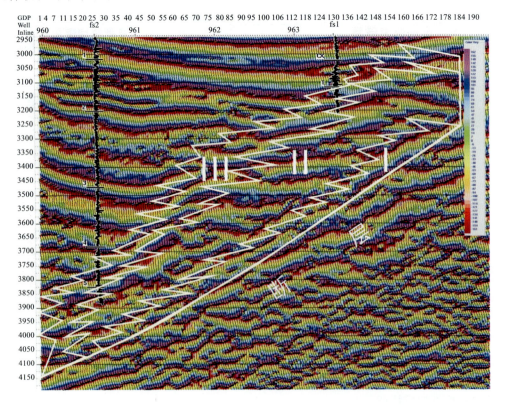

图4-18 瞬时相位剖面及近岸水下扇沉积相划分

2) 动力学参数与期次划分

在地震数据中包含了大量的地下地质信息，振幅、频率、相位等多种动力学地震属性都可以反映地下条件的变化，通过分析地震数据资料中的各种信息的变化，可以划分砂砾岩体的期次特征。

振幅属性特征分析：通过地震反射特征和同相轴接触方式，进行期次界面的识别。一般地，通过振幅值统计，将振幅能量变化周期划分为一个期次。

时频特征分析：利用时频分析技术较为准确地将井钻遇的砂砾岩体划分出其沉积旋回，每期正旋回为砂砾岩体发育的一个期次。

波形特征分析：在瞬时相位的剖面上可以清晰地看到扇体内部的层状结构，相位是地层的层状边界的敏感参数，这种层状特征可以用来指导扇体小层及内部期次的划分。

反演特征分析：利用反演技术将每一个高速岩性体划分为一个期次（图4-19）。

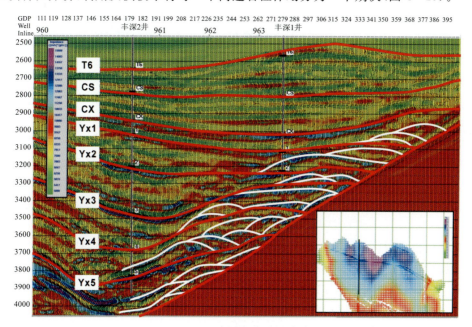

图4-19 基于地震反演剖面的期次划分

3. 小尺度期次划分

1) 速度分析及期次标定

在建立的骨干剖面上，结合钻井资料和地震资料对砂砾岩体进行期次划分。划分时通过声波合成记录将单井所划分的期次准确地标定在地震剖面上，综合分析不同期次所对应的地震剖面的响应特征可以看出：期次变化所引起的地震响应特征的变化具有周期性的特征，在频率上表现为从低频到高频的正旋回特征，在振幅上表现为从弱振幅到强振幅的能量变化周期。在成像测井和取芯岩性剖面上，砂砾岩体由深至浅，粒度逐渐变细。根据这些特征可以在地震剖面上准确地描述砂砾岩体期次的横向分布情况。其中，如何将砂砾岩体单井期次与地震响应准确结合起来的关键是速度的精确求取和期次标定。

（1）影响速度因素分析。

东营凹陷陡坡带位于陈南断层下降盘，其北侧的陈家庄凸起为中生代的中后期到新近纪早期多幕次构造运动的结果,在由基岩古断剥面演化而成的陡坡上发育了高低不平、宽窄不一的断阶或断坪。北侧的陈家庄凸起为湖盆内侧下降盘提供了充足的物源。随着盆地断陷活动和断块运动的不断进行,该带在沙四时期为东营凹陷的沉积中心。在沙四—沙三时期,山地河流携大量的陆源碎屑物质经断崖进入湖盆,快速卸载,扇体的沉积由洼陷至盆缘呈有规律的组合、叠置。在洼陷周缘沉积了大套的暗色泥岩、盐膏岩、油页岩、灰质泥等,位于丰深1南部的丰深2井在沙四下3 900~5 504m井段就钻遇了1 604m左右的含膏泥岩段,永928在1 783~3 500m井段沉积主要以泥岩、油页岩、油泥岩为主,夹薄层灰质泥岩和少量的薄层含砾砂岩,而这些地层的发育对地层的速度有严重的影响。

结合该区的速度场分析认为,不同的古冲沟之间,南北的不同相带之间,速度变化都有所不同,不能根据某一口井一概而论,可在VSP的基础上结合邻井资料对其周围区块作出较为准确的判断。

东营凹陷陡坡带速度变化较为复杂,东西两侧(胜北地区与盐家—永安地区)、南北方向,速度特征有所不同,主要是受控于古地貌和沉积环境两大因素。因此做好速度分析对后期砂砾岩体地震识别特征研究和储层描述都是至关重要的。

(2)合成记录标定。

层位标定是地震解释、储层描述中最关键的一环,若标定有误,其他一切工作都毫无意义。东营凹陷砂砾岩体发育区VSP资料较少,而且测的井段大多偏浅,对中深层的速度预测难度较大。

对砂砾岩体期次主要采用的是多元综合标定法,在标定过程中,要尽可能地收集已有的速度资料,对漂移时差有一个初步的了解。尽量自动拾取井旁地震道时变子波来制作合成记录。一般来说,单条线的标定误差较大,在本区采用自然电位、电阻率、声波等曲线进行多元综合标定。

①单井层位标定。主要采用较为严密的流程,制作单井的人工合成地震记录。对声波测井资料和密度测井资料进行环境校正以消除井孔因素的影响。对井斜度较大的井,需首先建立井斜轨迹,以保证测井资料和地震道的准确对应。

将声波测井数据与密度资料合成波阻抗,对于没有密度资料的井则用Gardner公式进行转换。通过波阻抗计算井点曲线的反射系数序列。

子波估计对于合成地震记录十分关键,确定子波主要有两种方法:第一,通过对井旁地震道进行频谱分析确定子波的主频,在本区目的层段,反射波主频一般在15~25Hz之间,然后选用相应频率的雷克子波与反射系数序列褶积生成合成地震记录;第二,直接从井中提取子波与反射系数褶积。

通过上下移动合成地震记录与井旁地震道匹配,这种匹配以波组匹配原则,合成地震记录(中)与井旁地震道(左)地震波组特征对应得很好。如果二者匹配不好,则可对声波资料进行检查和必要的再次校正,这时需要参考其他探测较深的测井曲线进行(图4-20)。

最终目的是保证地质目标层与其相应地震反射响应特征准确对应。

②多井标定。在目的层反射特征相变较大的地区,不同断块内选有代表性的多口井进行标定,可帮助了解各断块的波组特征变化情况。

从标定结果看,该区的速度受非储层的地层影响较大。在2 000ms处有50m左右的校正量,随着埋深的增大,校正量在增大在盐222井区2 920ms处,校正量达到了220m。在钻遇大

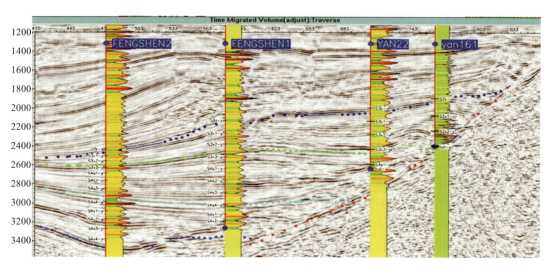

图 4-20　联井测线人工合成地震记录

套砂砾岩体之后,速度有所加快,校正量在减少。而位于南部的丰深1、丰深2和丰8由于沙四下沉积了大套的盐膏层,校正量达到了250m左右,丰深3达到了300m。因此该区由于沉积环境的不同,不同井区的校正量有所不同。因此在vsp标定的基础上结合钻井的合成记录标定可对该区作出较准确的校正。

2) 期次划分方法

在大尺度划分的基础上,根据地震反射特征、单井相岩性特征和测井资料进行内幕期次(四或五级层序内)的精细划分。其基本思路为:

(1) 运用沉积学原理和测井曲线旋回分析,划分单井相沉积的砂砾岩体内幕成因期次。

(2) 在地震剖面上,以较连续较强反射的同相轴作为期次划分的界线。

(3) 在地震属性的应用中,参考对层状边界反映敏感的瞬时相位属性进行期次划分。

(4) 利用地震反演结果,以具有相同反射特征的波阻抗界面作为内幕期次的划分界线。

在小尺度沉积期次的对比过程中,由于地震上无法进行界面的识别和追踪,而井间砂砾岩体沉积变化较大,因此层序地层学和地震地层学的方法往往不能奏效。根据事件性沉积泥岩稳定分布的特点,采取对比泥岩的思路对砂砾岩体进行期次对比。具体对比按"五步原则"进行:

(1) 卡准顶底。通过单井沉积旋回划分和地震资料进行标定,卡住一套地层的顶界和底界。通过多井的标定和地震上的追踪,可以认为在顶界和底界之间是等时的。

(2) 划分旋回。根据岩性组合和测井曲线特征,在多井上划分出相当级别的旋回。

(3) 泥岩标志。对于每一期事件性沉积之间的泥岩,由于其是在相似的沉积环境、相同的地质阶段形成的沉积,因而具有相似的电性特征。根据在不同电性曲线上显示出来的特征,区分出不同期发育的泥岩。这些不同的电性特征是进行对比的标志。

(4) 由顶至底。对于事件性沉积来说,不论沉积底形有何变化,每一次事件性沉积加上随后的泥岩总是表现出在一定范围内趋平的特征,因此,在对比中采取由顶至底的对比原则。

(5) 等时对比。受物源波及的范围和物源入口距离的影响,在不同的井上常发育不同数目的沉积旋回。对比中,根据小范围内地震反射同相轴等时性特点,利用地震资料进行约束,实现小级别沉积旋回的等时对比。

利用声波合成记录可以准确地将单井所划分的期次标定在地震剖面上,综合分析不同期次所对应的地震剖面的响应特征可以看出:期次变化所引起的地震响应特征的变化具有周期性的特征,在频率上表现为从低频到高频的正旋回特征,在振幅上表现为从弱振幅到强振幅的能量变化周期。根据这些特征可以在地震剖面上准确地描述砂砾岩体期次的横向分布情况。

通过连井期次对比建立起来的骨架剖面可以直观地落实各期次之间横向的延伸范围以及它们的接触关系。以"郑415—利371—利37—利852—利85—利853—利92"为例,应用时频分析技术首先完成各个单井的沉积旋回划分,进而解释出它们各个旋回的类型。对于不同的单井来说,解释出的期次是不同的。如利371井处发育了3期,而利85井处发育了5期砂砾岩体。而对于同一期砂砾岩体来说,相邻两井的沉积连续,旋回性应该相同;如果发生了变化,就说明沉积期次上不属于同一期的砂砾岩体。因此横向上对比相邻两井的旋回类型就可以确定出沉积层序的延伸范围。结合地震,就可以确定出沉积期次的上下叠置的关系。应用这种方法,在利85扇体的发育区共落实出了9期砂砾岩体,整体上这些砂砾岩体表现出退积的特点,但其中顶部的三期砂砾岩体相对于较早发育的几期明显发生了进积。从而明确出了该区砂砾岩体的期次的上下叠置关系(图4-21)。

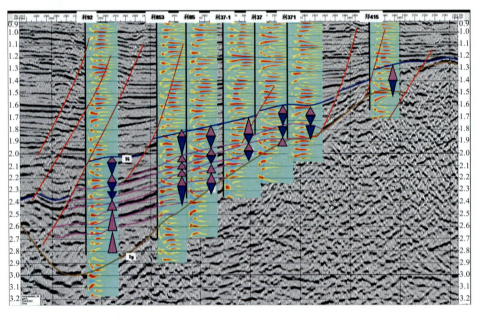

图4-21 连井期次对比骨架剖面

经分析同样落实出利56扇体的砂砾岩体期次的上下叠置关系和横向延伸距离,该区共发育了8期砂砾岩体,其中3期也发生了明显的进积。通过对比发现,不同物源区的砂砾岩体的期次并不是一致的,这与不同物源区沉积历史上物源供给的差异直接相关,并且对于一期都发育的砂砾岩体来说,进积还是退积的类型上也是可能有所差别的。

同时还通过两个物源区的横向对比发现,两个主物源区的砂砾岩体在扇间区域发生了明显的交错沉积,沉积期次上明显增多。经综合分析,整个利津地区沙四上沉积时期全区共发育了13期砂砾岩体。应用同样的方法,在胜坨地区识别出10期砂砾岩体,在盐家地区识别出12期砂砾岩体(图4-22)。

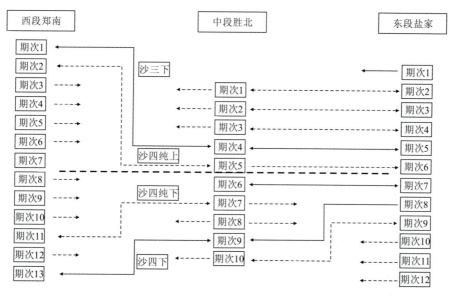

图4-22 北带地区砂砾岩体横向对比关系图

骨架剖面的建立,明确了砂砾岩体的期次发育特征。可见骨架剖面的建立对于明确砂砾岩体各期次整体的沉积规律和接触关系具有重要的意义。以此为基础,落实了整个东营北带砂砾岩体的期次发育接触和叠合关系(图4-23)。

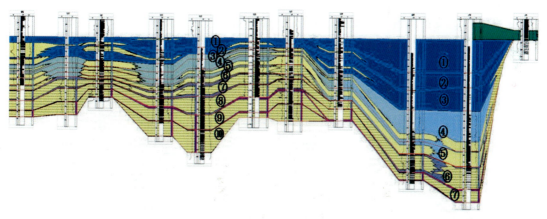

图4-23 北带西段砂砾岩体期次横向发育示意剖面

3)技术关键

在单井期次标定的基础上,根据地震反射特征,结合钻、测井资料,利用时频分析和测井约束反演等技术精细描述砂砾岩扇体内幕特征,形成了一套针对砂砾岩体小尺度期次划分方法。其中,时频分析技术发挥了重要作用。

时频分析主要是提取薄互层的结构信息。由于构造运动的周期性,沉积地层也随之表现出相应韵律性,这种韵律性或旋回性决定了不同的薄互层结构具有不同的时频特征。因此,根据地震响应的时频变化规律,在一定条件下可以确定出沉积地层的内部结构,从而对储层在横向和纵向上的变化作出预测。目前已经出现了很多时频分析方法,主要有 Hilbert 变换、Hilbert – Huang 变换、正弦曲线拟合、雷克子波匹配、短时傅立叶变换、小波变换、S 变换以及 Cohen 等方法。

东营凹陷陡坡带砂砾岩体的沉积规律研究,离不开沉积旋回的划分,而时频分析技术是划分地震旋回的有利工具,地震与地质又存在一定的对应关系。时频分析是随着短时傅立叶变换方法发展起来的,传统的傅立叶分析技术是对整个信号作变换,得到的频谱各个分量仅反映整个信号长度内平均意义下各阶谐波的振幅和相位。然而,在不同的时段上有很多信号存在大的差异,需要逐个选择一些信号片断来进行傅立叶分析。为了克服信号片断太短造成的截断效应,往往还必须加上一个窗函数,即短时傅立叶变换(STFT)。通过傅立叶变换,可将时间域地震记录转换为频率域,从而获得许多在常规地震剖面上所没有的信息。

为了更好地分析局部频率的特征,发展形成了小波变换(WT)时频分析方法,它把傅立叶变换中的正弦基函数修改成在整个时频平面上具有可变时频分辨率的基函数,使得它在高频区域能够提供高的时间分辨率,而在低频区域能够提供高的频率分辨率。使其 STFT 具有明显的优势:使时间、频率信息得到对应,时间窗具有伸缩性,局部信号的时窗可变。

为了精细刻画砂砾岩体的沉积旋回,通过对比,选择了 S 变换(ST)算法来开展时频分析。它是短时傅立叶变换和小波变换的组合。信号 $h(t)$ 的 S 变换定义为

$$S(\tau f) = \int_{-\infty}^{+\infty} g_f(t-\tau) h(t) e^{-j2\pi f t} dt$$

式中,τ 是时间,表示窗函数的中心点;f 是频率;$g_f(t)$ 为高斯窗函数。

S 变换吸取了前述两种算法的优点,又弥补了其不足。如克服了 STFT 不能调节分析窗口频率的缺点,引进了小波的多分辨分析,又与傅立叶频谱保持直接联系,可对相位进行校正。在实际应用中,S 变换比傅立叶变换、小波变换在有效频带内的能量梯度变化要更明显,并且对高频成分的表达更为精细(图 4-24),尤为适用于砂砾岩体内幕结果的解剖。

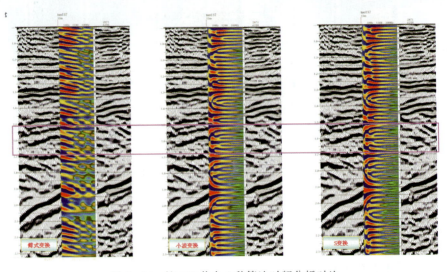

图 4-24 坨 137 井点 3 种算法时频分析对比

时频分析的效果取决于滤波器的特征参数。滤波器特征主要有以下几点：使用零相位滤波器，以保证不改变地震记录的时间特征，即时移量为零；要求有足够的频带宽度，至少为两个倍频程，以确保滤波器的输出信号不产生振荡，即延续时间不大；要求用于滤波扫描的滤波器响应基本相似，即滤波器的左截频和右截频对数陡度固定；滤波器的频率响应极大值应突出，旁极值应低平。基于上述要求，实际操作中采用了两个倍频程的零相位三角形滤波器，并取得了良好的应用效果，与单井期次划分结果相互印证，完成了四级层序内砂砾岩体内幕沉积期次的识别和横向对比。

以东营凹陷陡坡带西段为例，选取了作为主沉积方向的利85古冲沟和利56古冲沟中的利85和利565两口井以及两个两套扇主体中间的利94井作为典型井。完成了时频分析工作，重点划分出了沙四上时期的沉积旋回。以利85为例，依据时频分析的结果，沙四上共识别出了5个沉积界面（图4-25），各沉积界面对应的频率变化可以确定出每个沉积间隔的旋回特点。其中第1期和第2期的沉积旋回为正旋回，钻井岩性统计也显示出正粒序，为水进型沉积。第3、4、5三期砂砾岩体则表现为反旋回的沉积特点，也与钻井的结果相一致。说明时频分析可以准确合理的划分出沉积界面和沉积旋回。

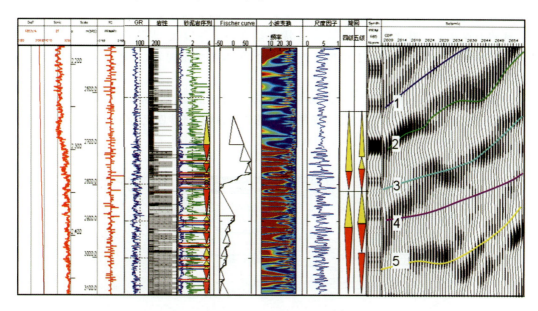

图4-25 利85井期次划分

利565井沙四上的砂砾岩体同样划分出了5期砂砾岩体，其中1、2、4三期砂砾岩体为正旋回，而3、5两期砂砾岩体则为反旋回。说明同一地区但不同物源的砂砾岩体的沉积并不是完全一致的。除此之外，利94井虽然属于扇间沉积，厚度相对较薄，但该井却识别出了7期砂砾岩体，表明扇间区域两个物源的砂砾岩体发生了堆叠现象，在沉积的旋回上同样存在着正旋回—反旋回的变化。

第四节 期次划分应用效果分析

通过岩石类型、岩相类型及相序特征的识别，结合常规测井分析，可以进行大套砂砾岩体的沉积旋回划分。通过以上岩芯、测井、成像测井资料以及时频分析技术的综合应用，划分出单井沉积期次。以连井期次对比为基础，通过精细的构造解释，对时频分析等方法识别解释出砂砾岩体期次进行构造落实，落实期次边界，进一步明确各期次砂砾岩体的平面展布情况。同时结合对断裂系统的分析，落实了北带盐家地区 12 期砂砾岩体、胜坨地区 11 期砂砾岩体以及利津地区 13 期砂砾岩体的精细构造。各期砂砾岩体整体的构造叠合图上可以明显地看出，陡坡带东段砂砾岩体的沉积中心以退积型沉积稳定向凸起迁移；而陡坡带西段的砂砾岩体整体也是以退积型的特点，从洼陷向凸起方向移动，但同时也发育了多期进积型沉积的砂砾岩体。与东段的盐家地区相比，各期次砂砾岩体平面延伸的距离更大。

以盐家地区为例，对砂砾岩体的期次划分效果进行分析。在岩性精细识别、测井相建立的基础上，结合地震，将沙三下和沙四段地层进一步细分，对砂砾岩体沉积的期次进行纵向划分与横向对比（沙三下划分了 3 期、沙四上划分了 4 期、沙四下划分了 5 期）。

沙四上在盐家—胜北地区砂砾岩发育特点是纵向上厚度大、泥岩隔层少，为多期扇体叠置。每期砂砾岩体是一自下而上由粗变细的旋回，顶部有少量泥岩，可划为 4 个中期正旋回，构成一完整的长期正旋回。

根据沙四上洼陷带地层岩性特征，及陡坡带砂砾岩的旋回性，参考三维地震反射特征，用合成地震记录标定、地震追踪等方法，按等时地层对比原则，将沙四上纯下层分为 1 期（沙四上 4 期），纯上层分为 3 期（沙四上 1~3 期）（图 4-26）。

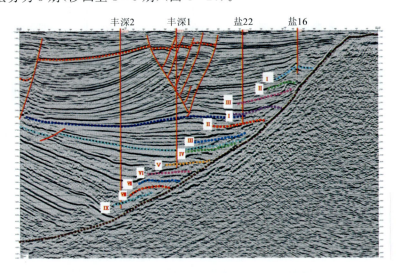

图 4-26 盐家地区砂砾岩体期次划分剖面

沙三下靠近断剥面砂砾岩发育，砂砾岩延伸距离近，砂砾岩整体上向为一个向上变细的正旋回，中期旋回性不明显。沙三下地层在砂砾岩不发育的地区岩性具有 3 分性，上部下部为油页岩发育集中段，电阻各为一组高阻尖峰，中部为泥岩发育段，电阻低平。因此将本亚段地层按岩性特征分可为3个期次。

用合成地震记录标定、地震追踪等方法,按等时地层对比原则,将本区沙三下砂砾岩岩分为3个砂组。

沙三下—沙四下砂砾岩体的电性总体特征是:高密度、低声波时差、高电阻,电阻率曲线多呈锯齿状或高阻尖峰状。

扇根部位:物性差,离子交换能力弱,自然电位曲线异常幅度小,为低幅尖峰状,电阻率曲线峰值高(大于70$\Omega \cdot m$)。

扇中部位:自然电位曲线多呈箱型或钟型,各期次间的泥岩隔层较明显,电阻率曲线峰值较扇根部位低(50$\Omega \cdot m$);辫状水道微相自然电位曲线光滑,负异常幅度高,曲线呈钟型或箱型,微电极曲线幅度差清楚,曲线呈箱型;水道间微相自然电位负异常不明显,微电极幅度差不清楚,曲线呈齿状。

扇端部位:自然电位曲线呈低幅齿状,电阻率曲线峰值更低(小于30$\Omega \cdot m$)。

母岩是碳酸盐岩的砂砾岩(胜北地区部分井),自然电位异常幅度较小,表明岩石为碳酸盐胶结,物性较差;母岩是花岗片麻岩的砂砾岩自然电位异常幅度较大,表明物性相对较好。

盐16和盐18钻遇的为沙三Ⅰ期,该期砂砾岩体由于埋深较浅,具有背斜形态的砂砾岩体成藏最为有利。盐22、永920钻遇的为沙四的Ⅰ、Ⅱ、Ⅲ期,此时发育的砂砾岩体极易发育二次滑塌砂砾岩体,随着物源的进一步推进,储层物性得到有效改善,含油性增强,盐22和永920的成功证实了这一点。在沙四下时期主要发育沙四Ⅳ—Ⅸ期,此时随着埋深的增大,孔隙度进一步降低,虽然储层的物性稍差于沙四上地层但由于紧邻烃源岩,仍能捕获到丰富的油气。因此在丰深1在4 316m井段获得了高产工业油气流,丰深3进一步突破了储层含油下限。

第五章 砂砾岩体储层预测技术

东营凹陷砂砾岩体勘探开发的实践表明，砂砾岩体非均质性强，储层以中－低孔、低渗透为主，不同相带的物性差异较大，这种差异影响了该类油藏的产能大小。如何预测砂砾岩体的有利相带成为提高勘探开发效益的关键所在，其中，有效储层的识别是核心问题。针对如何精细描述储层的难题，立足于高精度地震资料，从地震地质条件入手，明确了有效储层在岩石物理、测井、地震、AVO等方面具有较为独特的响应特征，利用叠后地震属性、地质统计学、多元回归法等方法对研究区砂砾岩体展布相带特征进行分析；利用叠前属性优化、叠前反演以及在此基础上开展多信息融合等物探技术对有效储层分期次进行精细描述，形成了地震、地质、测井和动态资料联合识别和描述有效储层的技术系列，明确了盐上、盐下两套油气系统的规模潜力，在勘探实践中取得了良好的地质效果。

第一节 砂砾岩体相带预测技术

一、砂砾岩扇体剖面展布特征

东营凹陷是一个北断南超的簸箕状断陷盆地，北部陡坡带呈沟梁相间的格局，受基底大断裂的控制，陡坡带沿沟泛发育了近岸水下扇、扇三角洲、深水浊积扇、滑塌浊积扇等各种类型砂砾岩扇体。这些砂砾岩扇体沿着陡坡带呈裙带状分布，纵向上多期叠置，横向上叠合连片，具有沟扇对应、大沟对大扇的关系。扇体中扇三角洲前缘亚相、近岸水下扇扇中亚相和前缘滑塌扇的砂砾岩体具有较好的储层物性，能够形成良好储层。陡坡带砂砾岩体埋藏深、邻近多个生油洼陷，因而具有良好的油源条件。目前的勘探认为，沙四上亚段和沙三段具有构造背景的砂砾岩体具有最好的成藏条件。陡坡带砂砾岩体的勘探已经有40多年的历史，发现了盐家-永安、胜坨等油气田，证明了砂砾岩体具有巨大的勘探潜力。

从陡坡带几条联井线上可以看出，在西部一条剖面上（图5-1），沙三下一砂组和沙三下二砂组扇体在剖面上其外部反射形态为楔状体发散反射结构，反射层在楔形体收敛方向上常出现非系统性终止现象，向发散方向反射层增多并加厚。它反映了由于沉积速度的变化造成的不均衡沉积或沉积界面逐渐倾斜，反映沉积时基底的差异沉降。在坨156以北的坨137井区，依附于北部边界断面波之上的地震反射为杂乱的短反射，地震反射能量强弱不均，在局部地区出现有空白反射区，连续性差，地震剖面向湖盆延伸不远；在沙三下三砂组和沙四上段，从坨764到坨156井区，地震反射外部形态基本为平行的地震反射，反射能量比较稳定，连续性较好，在这个反射段靠近胜北断层和边界断层下降盘一侧，地震波反射也出现杂乱的短反射，地震波连续性变差。在沙四下段，地震反射的内部几何形态基本为平行席状，但反射波的连续性和稳定性要比沙四上砂组的差。

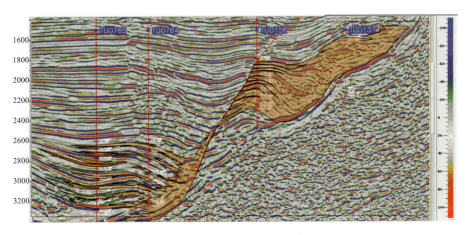

图 5-1　坨 765-坨 764-坨 156-坨 137 井联井地震测线

从陡坡带中部的联井地震剖面上可以看出(图 5-2)，沙三下各砂组的内部反射几何形态都为楔状，地震反射波在楔形体的收敛方向存在非系统性的收敛现象，从凹陷南部的丰深 2 井到凹陷中部的丰深 2 井区，地震波反射波振幅从低连续弱振幅过渡到较强振幅高连续性的地震反射特征，而在北部边界断层一带，地震反射波变为低连续、高能量的杂乱反射，这种地震剖面相宽度较窄。在沙四上段，地震波反射外部几何形态为透镜状，从透镜体的中心到两侧透镜体收敛方向，存在反射波向透镜体两侧非系统的尖灭现象，在丰深 2 井-丰深 1 井一带，地震反射波反射能量较高，反射波连续性好，在盐 22 井以北地区，依附于边界断层上升盘的地震反射波为弱振幅，低连续的乱岗状地震反射，反射波沿边界断层有下凹的现象，此种反射段向盆地延伸不远，大约 1 000m。在沙四下段，地震反射的外部几何形态为不规则的透镜体状，在丰深 2 井到丰深 1 井以南地区，地震波反射能量和连续性中等，而在丰深 1 井以北边界断层之上的反射波为低连续，高能量的乱岗状反射，相比沙四上的地震反射，这类反射在沙四下段向盆地延伸较远，大约有 1 600m。

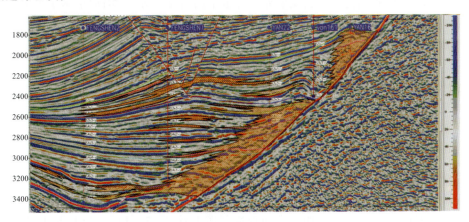

图 5-2　丰深 2-丰深 1-盐 22-盐 161-盐 16 井联井地震测线

图 5-3 是过盐 16 井的一条横向地震剖面，北部砂砾岩体的地震反射外部形态顶部为丘状，而底部为大致水平的这种典型的砂砾岩体地震反射形态。

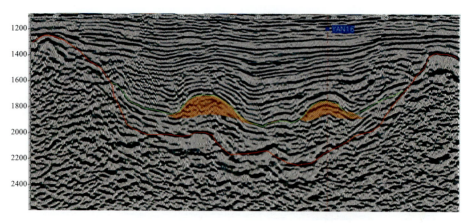

图 5-3 坨 764-丰 8 井区过盐 16 井地震测线

二、相带地震识别技术

1. 三维透视技术

一般来说,陆相湖盆陡坡带物源供给比较单一,粗碎屑快速堆积、物源多期间歇供给是其主要特点。垂直陡岸方向发育的下切冲沟是物源供给的主要通道,这些冲沟在凸起上以山地河谷形式分布,具有山地洪水河流特征。基岩立体透视图上古冲沟的分布形态和延向一目了然,冲沟的下切深度表现得尤为直观。这些古冲沟在一定时期内向湖盆提供了数量不一的粗碎屑物质,因而在其入湖口处湖盆一侧形成了大小不一、发育期数不同、规模不等的砂砾岩扇体。

2. 地震水平切片技术

水平切片显示了某一时间所有地震同相轴,一般采用双极性变面积显示,即黑色为波峰,白色为波谷。每个同相轴都是倾斜反射界面与水平面的交线显示,因而指示了反射界面的走向;同相轴的宽度可以指示地层的倾角和反射波的频率变化。当反射波频率固定时,切片上同相轴宽度随着地层倾角变小而变宽;当地层倾角不变时,切片上同相轴宽度随着反射波频率变低而变宽。

地震水平切片上可以明显看出在基岩上分布的古冲沟。在不同的等时间切片中,古冲沟也分别见到与之相对应的砂砾岩体。因此,要寻找砂砾岩扇体,必须首先研究当时的古地形,即沟谷发育情况。

3. 古地形恢复技术

陡坡带物源供给比较单一,粗碎屑快速堆积、物源多期间歇供给是其主要特点。古地貌是控制断陷湖盆砂体发育的重要因素,它受到了所处区域的构造运动、基准面变化、气候等因素综合作用的影响。从东营西部沙四上古地形恢复图上看(图 5-4),凸起上古冲沟特征清晰,多沟多梁的构造格局形成了以多物源、重力流为主的沉积体系,大的古冲沟前方发育较大规模的扇体,表现为明显的沟扇对应特点。这种多期构造与多物源的特点形成了复杂多样的砂砾岩体类型,呈裙带状围绕凸起展布。

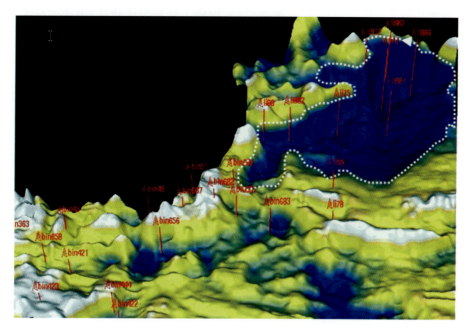

图 5-4　东营西部沙四上古地形恢复图

三、相带地震预测方法

1.地震相分析技术

1)地震相技术特点

地震信号的任何物理参数的变化总是对应着反映地震道形状的变化,道形状的变化定量为从一个采样点到另一个采样点的采样值的变化。在目前已有的地震相分析算法中,有 4 种分类模式:两个无监督的模式,即分级分类和自组神经网络技术;两个有监督管理模式,包括输入种子点和手动分类。本次研究采用前两种分类模式。

(1)自组神经网络技术模式。

此模式应用神经网络技术(NNT)将地震道波形(从单一或多种数据体)作为基于内部组合地震相分类的输入数据。NNT 是一个超越模式识别的人工智能过程。它旨在寻找重复出现的道模式,并且建立一个能代表整个数组的典型(模型)模式。在分类过程中考虑到每个道的位置或与其相邻道的相关属性后,所产生的地震相就会具有地质规律(比如,被分类到相带 1 的数据应位于相带 2 的旁边,等等)。与其他聚类模式不同的是,其分类的数量并不严格,因为它的模式道与其相邻道具有较高的相关性。此外,NNT 的结果对噪声或者振幅的绝对值变化并不敏感。

此模式最普遍的用法是根据地震道的波形来进行分类。这个分类模式能生成地震相图。神经网络分类的具体步骤为:①根据地震波形来分析道数据;②确定模型道波形,来定义所有的波形组;③根据模型道对地震数据进行分类(地震相分类模型)。

(2)分级分类模式。

此模式用聚类分析将地震样点中的多元数组进行分组,再应用分级分类系统将相同点进行归类。聚类法则将地震样点作为 N 维空间（N 即输入的数据体数量）内的变量来处理。数据归类成群，各个群的区别即是根据数群的几何距离，又参考其相关程度来决定的。SeisFacies 具有一个独特的分类技术，它强调地震相分类结果的次序，使相带的变化有意义并便于理解。也就是说，将通过颜色的级差来区分邻近的相带（基于分类索引）。因此，当通过图形观察相带图时，无论是三维体或二维地震线，相邻相间的颜色突变都将清楚地表现出相邻相间不同的特征。

此模式可以应用于多种数据（体）、多元属性图，以及由多种数据体组成的道的集合。分级分类模式一般用于地震相数据体分类，而 NNT 模式则一般用于基于地震道波形和多元属性图的地震相分类。分级分类模式生成地震相图或地震相数据体。地震相数据体被认为是一个新的三维地震属性数据体，并且也是这样被应用的。

分级分类地震相划相的主要步骤为：①用有意义的子体来描绘数据；②为每一个子体指定一个代表；③根据几何距离将每一个单体分配到合适的子体中。

2）主要工作流程与参数选择原则

地震相分析的工作流程的主要工作流程如下（图 5-5）：

（1）基于精细的构造层位解释成果，参考各砂层组的联井地震层位标定，合理建立各砂层组的地震相分析窗口。

（2）应用地震属性优选的结果，对各砂层组用自组织神经网络的地震相划相方法进行地震相划相，结合地震相标定功能，进行地震相图的测井标定。

（3）利用多体划相功能，用混合聚类模式对各砂层组进行目的层段三维数据体的划相。

（4）对各砂层组在三维空间内对其地震相分类结果进行分析。可与基于体元的地震解释系统有机结合，使诸如相图和相体，井信息和属性界面等可以非常容易地在解释系统中进行观察和分析，地震相分类可以在 3D 空间中单独观察，进行快速而准确地检测。使用独特的子体雕刻功能，根据地震相分类识别潜在的地质体，从而较有效地对研究区砂砾岩体进行纵、横向展布特征进行研究。

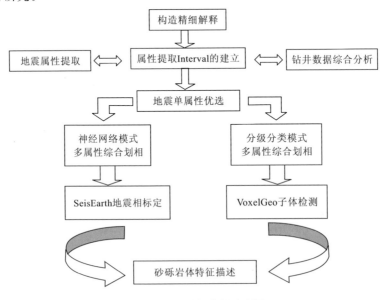

图 5-5 地震相分析流程图

对地震相划分结果起重要作用的3个参数:选择目的层层段的大小、波形分类数和迭代次数。该方法具有以下特点:无需井资料;快速;与传统的地震相分析相比,增强了定量性和客观性,为下步沉积相分析奠定坚实的基础。

3)陡坡带地震相分析

东营凹陷北部陡坡带砂砾岩扇体在地震多属性划相的平面图中响应特征明显。在砂砾岩体的根部,钻井砂岩百分含量高的地区(含砂量一般大于60%),地震相表现特征为颜色杂乱的地震相带;在扇根的内侧向盆地地区(砂岩百分含量一般在30%~60%),地震相较为连续,地震相颜色比较单一;而在砂岩百分含量小于30%的地区,地震相颜色单一。在平面上,地震相非常表现为连续性很高,在研究工区的南部出现大面积的单色区域。

(1)陡坡带东段沙三下Ⅰ期地震相特征。

沙三下一砂组储层主要处于北部边界断层之下的近物源区,在盐斜16井西、盐16和盐18一带,砂体厚度最大,砂厚达100~150m,砂岩百分含量也较高,其中盐16井的砂岩百分含量为80%左右,盐18井的砂岩百分含量在60%左右,随着砂体的向南推进,砂岩厚度和百分含量急剧减少,在盐161、永921井一带,砂岩百分含量和砂岩厚度基本为零值;但在盐4、丰深1与丰深2井一线,出现一条狭长的向南突进较远砂体,在盐4井处砂厚30m,砂岩百分含量为13%,在丰深2井处砂厚为4.7m,砂岩百分含量为4%;而在工区西部的胜坨地区,砂岩厚度和砂岩百分含量较工区东部小,但砂体延伸较远,一直延伸到坨765与东风2井以南地区。从自然电位区线的形态上看,在工区的东南部,自然电位曲线比较平直,而在工区西部的坨137与坨145一带,自然电位曲线齿化程度较高。

从沙三下一砂组的地震相平面图上看,在工区的东部的北部边界断层下降盘一侧,在坨137、盐16到盐18一线,沿边界断层分布一条红黄相间、颜色杂乱带状的沉积相带。在该区域,砂岩百分含量大体在60%以上,地震均方根振幅和18Hz的信号包络的属性都为低值,此相带可能为沿边界大断裂成群分布,横向连片的冲积扇裙的扇根位置;在坨156—盐斜19—盐182一带,砂岩百分含量在30%~60%之间,在地震相图上表现为红黄相间的地区,但颜色较扇根连续,这一相带可划分为扇中位置;在盐161井到永920井稍北地区,砂岩百分含量基本在20%以下。可能为扇体的扇端部位;在南北方向的盐4井、丰深1井和丰深2井一带,从北向南出现一条弯曲河道形态的红色沉积相带,可能为一从扇根向扇远端的河道沉积砂砾岩体,砂体的主体位置在丰深2井西北地区。而在研究区的北部地区的盐4井和丰深1井,正好处在这一红色相带上,在该砂组盐4井钻井揭示砂岩百分含量为13%,丰深1井的砂岩百分含量为4%,而邻近的盐22井、盐斜21井,砂岩百分含量基本为零值;地震多属性的联合划相很好的解释了盐4井区的实钻结果,从另一方面说明在丰深2井西北部可能有连片砂体的合理性。

(2)陡坡带东段沙三下Ⅱ期地震相特征。

从沙三下二砂组砂砾岩百分含量图上可以看出,在北部边界断层附近的坨137—盐斜19—盐16—盐18井一带,砂岩百分含量很高,达到了80%以上,砂体厚度在坨137井处为50m左右,在盐斜19和盐16井处砂体厚度为150m左右,在盐18井砂砾岩厚度为100m左右,随着砂砾岩体向盆地方向的伸展,在胜坨地区,砂体延伸较远,一直延伸到南部的坨764和坨765井区;在研究区的东部地区,随着砂砾岩体向南延伸,砂岩百分含量和砂体厚度递减较快,在盐161—永921—永斜927一带,砂砾岩体百分含量已降至10%以下,在丰深1、丰深3

和丰深2井一带,砂岩百分含量在6%左右。在坨斜155井处,砂岩百分含量降为零。

从地震相测井标定结果可以看出,在坨137—盐16井一线,自然电位的形态齿化比较严重,而在研究区的南部地区,岩性较细,自然电位曲线比较平直。

从该砂组的地震相平面图上显示出,在靠近边界断层的坨137—盐16—盐18井以北一带,地震相图的颜色杂乱,在这个相带,砂岩百分含量很高,岩性粗,应该是砂砾岩扇体的扇根位置;而在坨156井、盐16井和盐18井稍南地区,砂岩百分含量基本在40%之间,对应于地震相图的红色和绿色相间的区域,这一种类型的沉积相可划分为扇中位置;而在坨765—坨157以及永920到永929井一带,砂砾岩体的百分含量基本在20%以下,在地震相图上连续性很好的红色相带、红绿色过渡地区,这一相带可划分为该砂组的扇端相带。

(3)陡坡带沙三下Ⅲ期地震相特征。

从该砂组的砂岩百分含量图可知,在坨137—盐16—盐18一线,砂岩百分含量在80%左右,从该砂组的地震相平面图上揭示出,这一区域对应于地震相平面图边界断层内侧的颜色杂乱的地震相带,从地震相剖面相、地震相测井标定图以及优选地震属性响应为低值的综合分析可知,这一相带对应于砂砾岩扇体的扇根位置;在坨765—坨斜138以西、盐22和永92井略北地区,砂岩百分含量在30%左右,地震相的响应特征为颜色比较杂乱,从地震相图上可以看出,在研究区的东部地区,扇端的形态比较清晰,边界为齿状,扇端一直延伸到靠近丰深1—丰深3—丰8井一带,这一相带地震相的扇体响应特征为地震相颜色大都比较连续,横向连通性也较好,在研究区的沙三下三砂组东部地区,扇端主要为连续性很好的红色相带,在研究区的西部,这一相带响应为黄色,从地震相的这种响应特征的差异可以推测出,在该砂组的东部和西部,砂体的沉积特征有一定的差异。

(4)陡坡带东段沙四上Ⅰ期地震相特征。

钻井揭示在边界断层的内侧,在坨斜138、盐斜21和永斜927井一线,沙四上一砂组的砂岩百分含量在60%以上,这一条带状相带对应于地震相平面图边界断层内侧棕、黄、蓝色相间,颜色较为杂乱的区域。在提取的均方根振幅地震属性和分频地震资料18Hz的信号包络属性提取图上,这一带在地震属性上响应特征为低值,结合地震剖面反射特征分析,这一相带为该砂组的扇根部位;在坨764、坨123、盐22至永920一线,砂岩百分含量在20%~60%之间,在地震相图上表现为红黄相间的地震相带,颜色较为杂乱,但比扇根位置地震相颜色连续,这一相带应该为扇中位置;在东风2井—坨157井以及丰深1井和丰8井的北部地区,钻井砂岩百分含量在一般在20%以下,地震相的响应特征为颜色比较连续,呈齿状向盆地延伸,在坨765井区,颜色为很连续的黄色,在永923井区,这一相带为颜色比较连续的红黄相间的区域,这一相带可能为扇端位置。在丰3井区,出现一相对隔离的红色沉积区域,可能为沟谷中二次垮塌的砂砾岩体(图5-6)。从沙四下一砂组地震相测井标定图上可以看出,在盐22和永921井,自然电位起伏较大,而在研究区南部的丰深1、丰深3和丰8井地区,自然电位形态相对比较平直,地层岩性比北部细,这和区域相带划分结果一致。

(5)陡坡带东段沙四上Ⅱ期地震相特征。

如前所述,沙四上二砂组在地震平面相的划分过程中也大致可分为扇根、扇中和扇端相带。沙四下Ⅱ期的扇根相带位于边界断层内侧的坨123、盐22和永92井一带扇根位置,砂岩百分含量80%左右,对应于地震相图北部断层下降盘内侧的颜色杂乱的地震相带;在坨764、丰深1井以北至永920井一带扇中位置,砂岩百分含量在10%~60%之间,在地震相图上颜

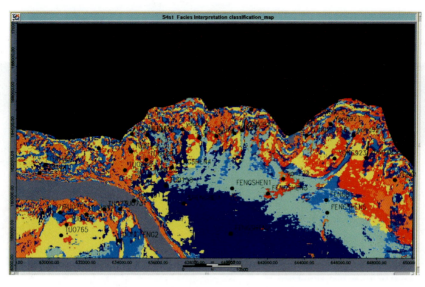

图 5-6 坨 764—丰 8 井区沙四上 I 期地震相平面图

色相对扇根比较连续;在东风 2 井、坨 158 井至丰深 3 井一线以北扇端位置,砂岩的百分含量在 20% 左右,对应于地震相图上的红色到红绿相间地震相带;在位于扇端相带之外的丰深 2 井,砂岩百分含量为零。

(6)陡坡带东段沙四上 III 期地震相特征。

从沙四上 III 期的砂砾岩百分含量可以看出,在研究区北部的坨 123—盐 22—永 920 一线,砂岩百分含量很高,在坨 123 井和盐 23 井一带,砂岩百分含量在 80% 左右,而在永 920 井处,砂岩百分含量为 100%,在永 920 井处的这种沉积特征,反映在地震剖面上就是出现大段的空白反射或弱反射区,因为没有大套的泥岩夹层,不能形成明显的波阻抗界面,地震反射波较弱或杂乱,反映在地震相平面图上,为沿边界断层下降盘呈带状分布的、颜色较为杂乱的地震相带,这一地震相带应为砂砾岩体的扇根相带;在坨 764 井和坨 157 以北一带,在地震相图上对应于主体为红色的地震沉积相带,地震相图的颜色相比扇根地区较为连续,从砂岩百分含量图中可以看出,这一带砂岩百分含量基本介于 10%~50% 之间,可以定为砂砾岩扇体的扇中沉积相带;在丰深 1—丰深 3—丰 8 井以北一带,在地震相图上为红色到红蓝相间的区域,这一带的砂岩百分含量都在 20% 左右,应该为砂砾岩扇体的扇端位置。从地震相的测井标定图上可以看出,在坨 156 井、丰深 3 井和丰 8 井一带,目的层段的自然电位的摆动幅度要大于丰深 2 井自然电位的摆动幅度,北部砂体的岩性较粗,南部地层的岩性较细,和区域地震相划分一致。

(7)陡坡带东段沙四上 IV 期地震相特征。

从东营北带丰深 1-永 559 地区沙四上(IV 期)地震相图(图 5-7)上可以看出砂砾岩体的相带变化规律。通过钻井砂岩百分含量和地震剖面相和平面相的综合分析,位于该期次北部的坨 123、盐 22 和永 920 一带,在地震相平面图上,这一区域对应于边界断层内侧颜色杂乱的地震相带,这一地震相划分为扇根位置;在坨 764—坨 157—永 928 井北部一带,钻井砂岩百分含量在 10%~70% 之间,对应于地震相图上坨 765 井区的红黄色区域和研究区西部的褐黄色区域,这一相带应处于扇中位置;在丰深 1—丰深 3—丰 8 井一线,砂岩百分含量基本在 10% 以下,对应于地震相图上浅蓝色向深蓝色过渡地区,这一相带可划为扇端位置。

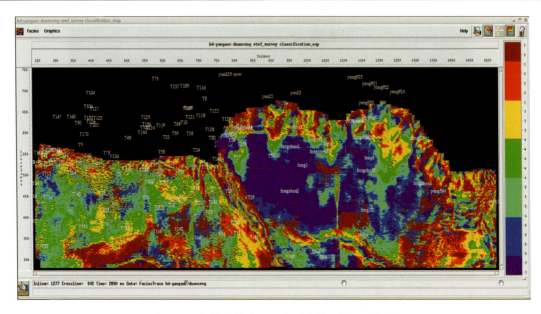

图 5-7　东营北带沙四上砂砾岩体Ⅳ期地震相图

(8)陡坡带东段沙四下Ⅲ期地震相特征。

在研究区,现有钻井钻遇该砂组的井较少,只有丰 8、丰深 1、丰深 2 和丰深 3 井,现有的钻井中,丰 8 井和丰深 1 井在该段的砂岩百分含量很高,分别达到 98% 和 91%,从该段的地震相平面图上可以看出,这两口井都落入边界断层内侧的颜色杂乱的地震相带,结合地震剖面可以认为,这一带应该为砂砾岩体的扇根位置;而处在扇根南侧的以红黄相间的地震相带应为扇中位置;以红色为主、颜色较为连续的地震相带应该为扇端位置,扇端呈裙边状向盆内延伸。位于扇端之外的丰深 2 井,其砂岩百分含量为零。从该砂组的地震相测井标定图上可以看出,位于扇根位置的丰深 1 井,自然电位异常幅度最大,位于扇中位置的丰深 3 井次之,而位于扇端之外的丰深 2 井,自然电位的幅度和齿化程度在现有的 3 口有自然电位的井中最低,从而证明在该砂组沉积时期,丰深 1 井区的沉积能量较高,岩性比较粗,而在丰深 2 井区,沉积能量低,岩性较细;从丰深 1 到丰深 2 井,岩相变化很快。

(9)陡坡带东段沙四下Ⅳ期地震相特征。

该段砂组钻遇的井较少,只有丰 8 井、丰深 2 井和丰深 3 井钻遇该段砂组,从现有的 3 口井可以看出,丰 8 井和丰深 3 井砂岩百分含量分别为 99% 和 100%,在地震相平面图上,丰 8 井和丰深 3 井位于边界断层内侧的颜色杂乱的地震相带之内,这一相带可划分为扇根位置;在扇根相带之外,红黄相间的区域,划分为扇中位置,而在扇中位置之外的红蓝相间的区域,可划分为扇端位置,扇端呈裙边状向盆内延伸,位于扇端之外的丰深 2 井砂岩百分含量为零。

2. 差异层间速度分析技术

速度是油气勘探中最重要的参数之一,也是最基础的资料,是构造、储层研究以及油藏描述中最重要而且常用的信息。其认识程度直接影响到油气勘探的各个环节。

差异层间速度分析(Differential Interformational Veocity Analysis,简称为 DIVA)。Neidell 等(1987)采用对比地震叠加速度的方法来预测地下岩性的变化。当地层倾角较小时,地震叠加速度就是其均方根速度,如果用顶界面实测的叠加速度来预测底界面的叠加速度,当底界面的预测的叠加速度与实测叠加速度相同时,说明岩性横向比较均匀,没有较显著的岩性异常体;当预测的叠加速度与实测的叠加速度差值较大时,就说明可能存在高速或低速岩性体。根据逆 Dix 公式:

$$v_b = \{[(t_b-t_t)v_{int}^2 + t_t v_t^2]/t_b\}^{1/2}$$

式中,v_b、v_t 分别为顶、底均方根速度;t_b、t_t 分别为顶、底相对应的时间;v_{int} 为层速度。

"双临界 DIVA"的概念,即同时选择两种标准岩性的层速度作为背景层速度,将砂岩层速度和纯泥岩层速度分别代入逆 Dix 公式正演出两种预测的地层底界均方根速度 $v_{b,m}$ 和 $v_{b,s}$。

$$\Delta v_m = v_{b,测} - v_{b,m}; \Delta v_s = v_{b,测} - v_{b,s}$$

式中,Δv_m、Δv_s 分别是纯泥岩和纯砂岩的差异层间速度(DIVA);$v_{b,测}$ 是底界面的实测均方根速度;$v_{b,m}$ 是以纯泥岩为背景层速度正演出的底界面的均方根速度;$v_{b,s}$ 是以纯砂岩为背景层速度正演出的底界面的均方根速度。

双临界 DIVA 判断岩性的标准如下:

(1) 当 $\Delta v_m > 0$ 且 $\Delta v_s < 0$ 时,地层为偏砂相;

(2) 当 $\Delta v_m \approx 0$ 且 $\Delta v_s < 0$ 时,地层为偏泥相;

(3) 当 $\Delta v_m \gg 0$ 且 $\Delta v_s \gg 0$ 时,地层含超高速岩性;

(4) 当 $\Delta v_m < 0$ 且 $\Delta v_s \ll 0$ 时,地层含超低速岩性。

在实际进行砂岩储层预测,一般只考虑砂岩和泥岩两种岩性。

DIVA 双临界模型储层预测就是对差异层间速度进行分析,即采用对比地震叠加速度的方法来预测地下岩性的变化,当地层倾角较小时,地震叠加速度就是其均方根速度,用顶界面的实测的叠加速度来预测底界面的叠加速度。当底界面的预测的叠加速度与实测叠加速度相同时,说明岩性横向比较均匀,没有较显著的岩性异常体;当预测的叠加速度与实测的叠加速度差值较大时,就说明可能存在高速或低速岩性体。

对东营凹陷陡坡带西段进行差异层间速度分析,采用差异层间速度分析的方法来预测地下岩性的变化,分别以泥岩和砂岩速度为背景进行分析,从结果说明圈定区域可能存在高速异常体(图 5-8),为寻找到砂砾岩扇体的有利目标区。

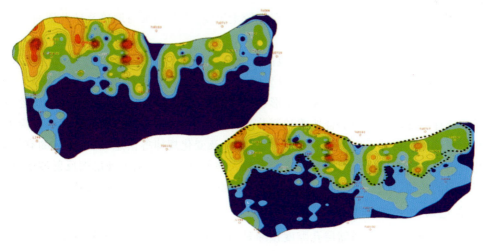

图 5-8 以纯泥岩速度为背景(左)和以纯砂岩速度为背景(右)的差异层间速度图

第二节 基于叠后属性的储层预测技术

一、地震属性分析技术

1. 属性特征

近年来地震属性的研究进展很快,有关地震属性研究的论文也很多。地震属性技术已广泛应用于构造解析、地震相分析、油藏特征描述以及油藏动态检测等各个领域,地震属性在油气勘探与开发中所发挥的作用越来越大。

地震属性是指地震数据经过数学变换而导出的有关地震波的几何形态、运动学特征、动力学特征和统计学特征的具体测量。地震波在地层中传播是个复杂的过程,是对地下地层特征的一种综合反映,地震信号的特征是由岩层物理性质及其变异直接引起的。地下地层性质的空间变化,必然导致地震反射波特征的变化,进而影响地震属性的变化。

地震属性分析技术是利用地震信息,参考钻井、测井、录井资料,寻找地震与储层物性、含有油气性的关系,从而研究储层和油层的分布规律。

当储层物性和充填在储层中的流体性质发生变化时,会造成地震反射系数、传播速度、振幅、频率等多种属性的变化。这些变化表现为波形、能量、频率、相位等一系列基于几何的、运动学的、动力学的地震属性的变化。地震属性比地震剖面在检测储层或流体性质变化方面敏感的多,并且许多地震属性都是非线性的,它将增加预测的准确性。

实践表明,仅依靠平面上稀疏、不规则分布的测井、钻井等资料远远不能满足当前勘探开发的要求,为此必须充分利用横向上分布密集、又包含大量丰富储层岩石物理参数的地震信息进行储层的预测与描述。地震属性技术能从地震数据库中提取其他方法很难提取的30多种地震信息,并进行统计、迭代、相关性分析,转换成各种地质信息,进而达到预测储层、进行储层的含油性分析等功效。从一些成功的实例可见,最大限度地应用地震属性参数分析技术是解决目前勘探开发难题有效的方法之一。当然,由于地质条件的异常复杂、储层及油气藏的特点各异,从反射地震波中提取出的信息并非只与储层呈一一对应关系,因此仅应用地震信息对储层及油气藏进行预测与描述不可避免地存在较大风险,为此必须与地质及钻井资料结合,综合分析、判断,最终确定勘探开发目标。

目前,在预测砂砾岩扇体平面分布范围方面比较成熟的技术主要是地震属性技术。当目标地区的地震地质情况确定的情况下,只要储层或流体性质变化的特征参数达到某一相应的限度,地震属性就会有所反映,表现为波形、能量、频率、相位等一系列基于几何的、运动学的、动力学或统计特征的变化。结合地质和测井进行分析,找出地震属性与已知井的对应关系,利用这种关系可以获得地下地质体的类型、岩石物性及变化规律等信息,对目标区的有利储层进行预测。由于砂砾岩扇体不同亚相速度存在较大差异,因此,从扇根到扇端反射波能量往往呈现逐渐变弱的趋势,这种特征为利用地震属性预测砂砾岩体提供了理论支持。

2. 多元回归法砂砾岩体储层预测

应用地震资料进行井间储层孔隙度预测是当前油气勘探开发中常用的方法,储层孔隙度预测的目的就是借助地震信息预测储层孔隙度的空间变化。地震信息不仅包含有地层界面信息,还包含有地层物性方面的信息,地震特征参数不仅与岩性、深度有关,而且与物性(孔隙度、渗透率、泥质含量、含油饱和度等)有密切关系。因此把测井、地质和地震资料结合起来进行综合解释,可以全面、深入地研究这些参数的空间分布规律。从岩石物理学的角度看,在储层参数和地震信息之间并不存在直接的解析关系,即不能用确定的函数表达式进行描述。因此,通过数学统计的方法进行储层参数预测无疑是一个正确的方向。目前预测方法有多元逐步回归、相关滤波、神经网络、协克里金等,其中多元逐步回归法是比较简单而有效的方法。

多元逐步回归法是利用井点上储层参数观测数据与井旁道地震属性参数,通过回归分析建立储层参数与多个地震属性参数之间的线性关系。逐步回归的基本思想是:按照一定的标准,在众多的自变量中,根据它们对变量影响的大小,逐次选入回归方程。在此过程中,如果先已选入的某些自变量,由于新自变量的引入而失去其重要性时,则及时地将它从方程中剔除掉。继续这一过程,直到既无新自变量可以添加,也无旧自变量可以剔除时为止,即得最终建立的回归方程。砂砾岩体有效储层孔隙度预测中回归分析的过程就是地震属性优选并与孔隙度参数相互验证的过程,这种方法比较简单实用,预测效果主要取决于储层孔隙度与地震属性参数之间的线性关系的吻合程度。若线性关系近似成立,则选择这种方法是可行的,也是比较容易实现的;若线性关系的近似程度很低,则这种方法的预测结果误差是很大的,甚至根本无法使用。

1)储层预测技术思路

东营凹陷陡坡带砂砾岩体纵向上多期叠置,横向上叠合连片,储层物性变化快、非均质性强。考虑到实际操作的可行性,并结合前期有针对性的期次划分和地震相分析,在严格控制预测方法应用条件的基础上,运用多元逐步回归法对具有典型意义的盐家-永安地区砂砾岩体有效储层孔隙度展开平面预测研究。砂砾岩体有效储层孔隙度平面预测的技术思路是,在砾岩体期次划分的基础上,进行精细合成记录标定以确定地震与井的对应关系,从井资料出发统计各期次砂砾岩体的孔隙度,同时依托地震数据体提取各个期次砂砾岩体的多种地震属性,通过从岩石物理角度和相关性回归分析确定地震属性的类型和个数,然后建立起地震属性与孔隙度之间的函数关系,进而地震属性通过函数关系转换获得期次砂砾岩体孔隙度的平面预测结果。具体技术路线如图 5-9 所示。

2)应用条件控制

运用数学统计的方法达到储层参数预测目的的方法是多样的,每一种方法的应用都有它的前提条件,多元逐步回归法预测储层孔隙度亦是如此,如果前提条件合适充分,那么预测的效果就会比较好,相反,如果前提条件不充分或者缺失,预测结果精度会大大降低,甚至根本不能使用。因此最大限度地满足预测方法的前提条件是获得良好预测效果的关键所在。在盐家-永安地区砂砾岩体的有效储层孔隙度平面预测中,应针对砾岩体储层复杂性的特点,从层位解释、孔隙度统计、属性优化等几个方面严密控制数据参数质量,各个方面相互验证提炼,最大限度地满足了预测方法的应用条件。

(1)砂砾岩体期次储层孔隙度统计。

合适、准确地统计出各个期次砂砾岩体储层的孔隙度是预测方法中获得准确函数关系的根本条件之一,利用岩芯、录井资料获取砂砾岩体储层的孔隙度是最直接的方法。但是,钻、测、录井资料与地震资料分辨率的不同决定了地质层段与地震信息不是一一对应的关系。以盐家-永安地区的砂砾岩体为例,地震上解释的一个砂砾岩体期次时间厚度从 30~300ms 不

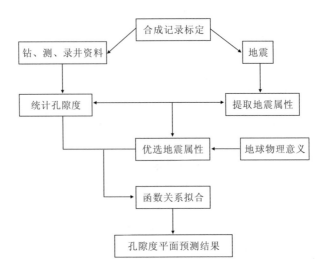

图 5-9 砂砾岩体储层平面预测技术路线图

等,它代表了 40~400m 的地层厚度。这个厚度范围内可能发育了多个地震上难以识别的更小的砂砾岩体期次,由于每个小期次砂砾岩体延伸范围不同,那么一口井下来可能钻遇到了不同小期砾岩体的扇根、扇中或扇端不同部位,它们的孔隙度不一样,厚度也不一样。因此,考虑到砂砾岩体的多期性、厚度和孔隙度的不均一性,用加权平均法统计的平均孔隙度能比较真实地反映了期次内砂砾岩体储层的孔隙度。

此外,提高预测精度要求参与运算控制的井点个数越多越好,可以利用测井曲线间接获取更多井点的观测数据。盐家-永安探区面积 200 多平方千米,有探井 50 余口,另外还有较多的开发井,而有直接孔隙度可用的井仅有 18 口。为了增加井点观测数据,对无孔隙度成果数据的井需要从其测井曲线求取孔隙度。从测井曲线中求取孔隙度的方法有多种,使用到的测井曲线有声波速度、密度、中子孔隙度、伽马、自然电位等。砂砾岩体储层的声波速度与孔隙度有最直接的关系,利用已知井求取声波速度与孔隙度的函数关系,进而利用声波测井曲线计算出未知井的孔隙度。这是一种比较简单实用的方法,具体实现过程如下。

为了获得具有最大代表性的数据,选取具有孔隙度成果曲线且钻遇砂砾岩体不同相带、不同层段的井盐 22、永 937、盐 162、永 920、永 935 进行统计。统计时,选择其中典型的砾岩体储层层段以计算其声波速度与孔隙度的关系。这些井涵盖了陡坡带盐 16、永 920 两大古冲沟的砂砾岩主扇体的扇根、扇中和扇间部位,并钻穿了沙三段、沙四上,直至沙四下亚段,深度从 1 000~4 500m,基本覆盖了现今砾岩体勘探的主要深度范围(图 5-10)。

对各井声波速度与孔隙度进行交会拟合(图 5-11)。从交会图中可以看出,数据主体呈线性分布,表示砂砾岩体储层的孔隙度与声波速度呈直线关系;而有部分数据点分布在右下角,与主体呈抛物线关系,它们表示砂砾岩体储层中某些样点含有较高的泥质含量,具体原因是,储层中含有泥质含量较高的薄层,砾岩体随着泥质含量的增加而孔隙度降低、声波时差变大。它们并不妨碍数据主体的函数拟合。这 5 口井的函数拟合关系分别是:

盐 22 　 $y=0.453x-12.075$

永 937 　 $y=0.5017x-22.102$

盐 162 　 $y=0.484x-23.782$

永920　　$y=0.450x-3.237$

永935　　$y=0.403\,8x-19.044$

式中：y 代表孔隙度；x 代表声波速度。

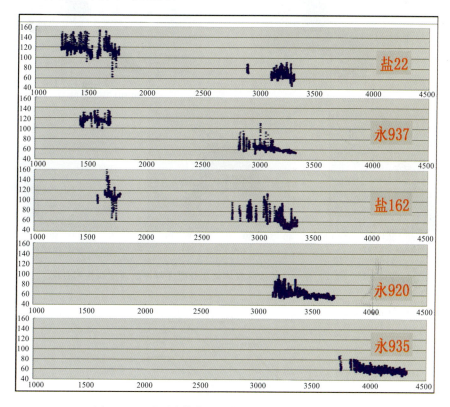

图 5-10　砂砾岩体储层深度与声波速度统计分布图

最后，为了获得区域上普遍适用的函数关系式，需要对各井的函数关系式进一步拟合。用作图法进行进一步拟合：从孔隙度与声波速度的直角坐标系可以看到（图 5-12），各井拟合直线的斜率相当，表明孔隙度与声波速度的拟合关系是稳定的；盐 22、永 920 的拟合直线斜率几近平行，其截距与另外 3 口井的截距差别较大，分析认为是这两口井测井年代较早、测井标准不同而导致的系统误差；通过平移拟合直线至永 937、盐 162、永 935 的截距范围以消除系统误差，然后根据这 5 条直线进一步拟合获得新的函数关系式 $y=0.460\,4x-21.643$（图中红线）。该函数拟合式适用于盐家-永安地区砂砾岩体储层的孔隙度估算，可以最大程度地消除由于测井年代不同、测井标准不同导致的系统误差。

（2）地震层位解释和属性提取。

砂砾岩体期次层位解释是提取平面地震属性的基础。陡坡带砂砾岩扇体沉积复杂，并受后期构造改造，上下层位之间产状迥异，很难通过单个层位控制时窗来取准砂砾岩体期次的地震属性信息，因此使用上下两个层位界面来界定提取属性的时窗是正确的选择。地震期次层位解释时根据砂砾岩体扇体的沉积特点和提取属性的要求，在陡坡凸起方向沿基岩面解释至上下层位齐平，在洼陷方向扩展解释范围，以利于宏观比较，提高预测结果与地质规律的吻合程度。据此，盐家-永安地区解释砂砾岩体扇体 12 期次，其中沙三上 3 个期次，沙四上 4 个期

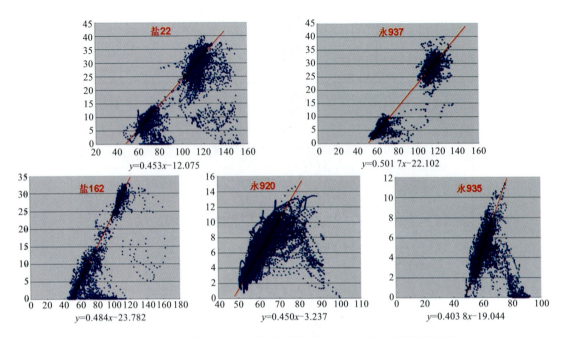

图 5-11 盐 22 等 5 口井砂砾岩体储层孔隙度与声波速度线性拟合图

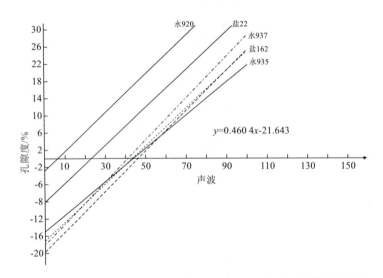

图 5-12 盐家-永安地区砂砾岩体储层孔隙度与声波速度线性拟合图

次,沙四下 5 个期次(图 5-13)。以每一期次上下两个层位界面来界定属性时窗,分别提取各个期次振幅能量、频率、相位、波形等 20 多种地震属性。

(3)地震属性优选。

地震属性具有多解性,尽管可以提取大量的地震属性,但如果预测模式中不相关的地震属性越多,地震属性与井参数间出现"伪相关"的概率就越大,会给储层预测带来极大的失败风险,而去掉一些重复以及不相关的属性能明显改善预测的效果。因此在储层预测时,地震多属性的优化选择是一个关键问题。地震属性优化是利用人的经验或数学方法,优选出对所求解问

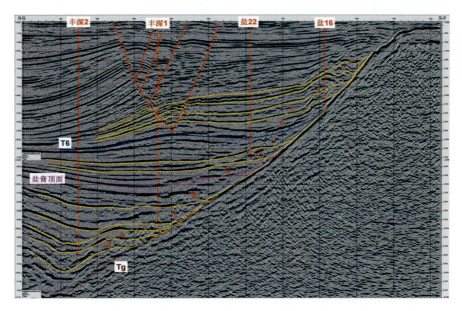

图 5-13 盐家-永安地区砂砾岩体期次解释成果剖面

题最敏感(或最有效、最有代表性)、个数最少的地震属性组合,以提高地震储层预测的精度,改善与地震属性有关的处理和解释方法的效果。在用多元回归法预测盐家-永安地区砂砾岩体有效储层孔隙度中,我们主要从相关性分析和岩石物理意义两个方面对地震属性进行了优化。

①地震属性相关性交会分析。地震属性相关性分析是确定地震属性间的独立性以及地震属性-岩石物理之间相关性最重要的工具。考虑到地震属性参数之间并不完全独立的特点,它们所反映的信息有类似的或相同的,也有不相关的,所反映的信息是不同的,各属性参数对储层参数的影响也各不相同。因而,进行地震属性参数与储层参数的相关性研究,必须确定地震属性参数间的相关性、地震属性参数与储层参数间的相关性,找出能够反映储层参数本质特征的、相互之间独立的地震属性参数。

盐家-永安第 8 期次砂砾岩体有 12 口钻井资料可以提供目的层的储层孔隙度值,表 5-1 是砂砾岩体储层孔隙度与 22 种常用地震属性的相关性统计。从表 5-1 中可以清楚地看出零相位数、负振幅和、振幅绝对值和等属性与砂砾岩体孔隙度的相关系数较大,平均振幅、主频率、瞬时相位等属性与砂砾岩体孔隙度关系不大,相关系数很小,而相关性大于 0.4 的属性有 8 种,表明这些地震属性与砂砾岩体孔隙度之间存在着某种内在的联系。如此明显缩小地震属性的优选范围。

通过储层孔隙度与地震属性的相关性分析明显缩小地震属性的优选范围,但相关性大于 0.4 的地震属性仍有 8 种,且其中的某些地震属性之间不是相互独立的,因此仍有必要对剩余的地震属性进行交会相关性分析,以考察地震属性间的相容性,去除冗余的地震属性。表 5-2 是与储层孔隙度相关性大于 0.4 的地震属性间交会相关性统计。从交会相关图表中可以看出,偏移带宽比率与除偏带宽比率、负振幅总和与正振幅总和等地震属性之间具有很好的相关性,相关性系数分别为 0.996、0.702,表明这些地震属性之间有很大程度的雷同性,选择时两两属性之中需要去除其中之一。

②地震属性的物理意义分析。不管用于预测和标定的方法如何完善和巧妙,找准与储层

孔隙度相关的地震属性依然是方法成功的关键。通过地震属性间以及与储层孔隙度的交会相关,大大地减少了待选属性的范围,但是由于储层孔隙度数量有限以及孔隙度统计中不可避免的误差造成的"伪相关"影响,使得某些本身并无物理意义或者与孔隙度没有必然联系的地震属性也显示较好相关性,使用这些属性做孔隙度预测性显然不合适。因此,通过孔隙度预测原理和地震属性物理意义的讨论来确定使用地震属性的具体类型和最少个数是最终的选择。

表 5-1 东辛北带第 8 期次砂砾岩体储层孔隙度与属性的相关性统计图

地震属性	相关系数(%)	地震属性	相关系数(%)
平均振幅	2.799	等时厚度	51.644
平均值强度	6.526	最大振幅	18.776
平均峰值振幅	27.183	最大强度	28.977
平均能量	14.886	最小振幅	45.47
带宽	22.508	正负振幅比率	22.083
带宽比率偏移	52.921	均方根振幅	13.688
除偏带宽比率	47.047	振幅总和	16.578
主频	8.639	强度总和	53.121
半能时	38.046	负振幅总和	53.986
瞬时频率	19.341	正振幅总和	48.96
瞬时相位	15.553	零点相位数	61.866

表 5-2 零点相位数等 8 种地震属性交会相关统计图

	偏移带宽比率	除偏带宽比率	等时厚度	最小振幅	强度总和	负振幅总和	正振幅总和	零点相位数
偏移带宽比率	*	0.996	−0.408	0.072	−0.511	0.424	−0.523	0.118
除偏带宽比率	0.996	*	−0.327	0.055	−0.461	0.377	−0.478	0.166
等时厚度	−0.408	−0.327	*	−0.156	0.669	−0.6	0.634	0.407
最小振幅	0.072	0.055	−0.156	*	−0.639	0.678	−0.495	−0.212
强度总和	−0.511	−0.461	0.669	−0.639	*	−0.404	0.416	0.291
负振幅总和	0.424	0.377	−0.6	0.678	−0.404	*	−0.702	−0.302
正振幅总和	−0.523	−0.478	0.634	−0.495	0.416	−0.702	*	0.233
零点相位数	0.118	0.166	0.407	−0.212	0.291	−0.302	0.233	*

地震属性包括振幅能量、频率和相位等方面的属性,所有这些属性当中,振幅能量与储层孔隙度关系是最密切的。碎屑沉积岩中储层孔隙度决定了储层的密度,而储层密度是地震波

传播速度的主导因素,速度和密度差异是地震反射强弱(振幅能量)的基础,所以储层孔隙度与地震反射强弱(振幅能量)有最直接的关系。基于地震的储层孔隙度预测主要就是利用了储层孔隙度与地震反射强弱的这种关系。

反过来而言,地震反射强弱与储层孔隙度并不是唯一的关系,还与储层厚度有关。根据 Widess 调谐原理,当地层厚度趋向于调谐厚度 1/4 波长时具有最强的振幅能量,理论上调谐振幅能量等于储层上下界面振幅能量的叠加。

因此,基于砂砾岩体期次的储层孔隙度平面预测需要考虑的主要问题是,期次内的振幅能量是由储层孔隙度变化还是厚度变化引起的。实际上,砂砾岩体期次地震反射强弱的主要决定因素有:地层厚度、反射系数、反射界面个数。为了明确地层厚度、反射系数对地震反射强弱的贡献程度,我们根据砂砾岩体和泥岩的声波速度的统计,取泥岩速度 110μs/ft、砂砾岩体速度 60μs/ft、30Hz 雷克子波建立了不同厚度和速度的地震正演模拟模型(图 5-14)。从模型图上可以看出,在正极性地震中,储层上界面呈正极性反射是砂砾岩体的反射,储层下界面负极性反射是泥岩的反射;当薄层储层厚度在 λ/4(42m)~λ/8(21m) 波长之间时,上下界面的地震反射产生叠加而有最大的振幅能量,这就是储层厚度的调谐效应。由于调谐效应的影响,厚度低至 λ/32(5m) 的薄储层仍有较强的能量反射。

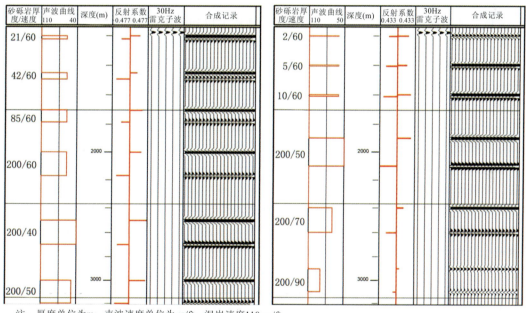

注:厚度单位为 m;声波速度单位为 μs/ft;泥岩速度 110μs/ft。

图 5-14 不同厚度、速度砂砾岩体一维地震正演模拟图

另一方面,储层速度的提高会导致地层反射系数的变大,从而使地震反射增强。下面从理论上推导储层速度的提高对反射能量的贡献,假设厚层储层速度(波阻抗)需要提高到 x 倍时与薄层调谐振幅的能量相当,则有:

$$[(p_2 - p_1)/(p_2 + p_1)] : [(xp_2 - p_1)/(xp_2 + p_1)] = 1 : 2$$
$$x = 3/(2 - p_2/p_1) > 1.5$$
$$x > 1.5$$

式中，p_1、p_2 为波阻抗，$p_1=\rho_1v_1$，$p_2=\rho_2v_2$。

很明显，厚层储层速度提高到 1.5 倍时与薄层调谐振幅的能量相当。从图 5-14 中也可以看出，厚层储层速度从 60μs/ft 提高到 40μs/ft 时与 60μs/ft 的薄层调谐振幅的能量相当，这也证实理论推导的准确性。砂砾岩体的声波速度在 50～80μs/ft 之间，上述的速度变化幅度并不常见，所以相比之下，仅凭速度提高对增强地震反射的贡献是有限的。此外，砂砾岩体具有强烈的非均质性，大套的砾岩体实际上是由许多物理性质不同的小层构成，从这个意义上讲，砂砾岩体期次内振幅能量主要来自多个薄层储层产生的调谐效应。

上述分析证明了砂砾岩体期次内的振幅能量主要来自多个薄储层产生的调谐效应，因此利用振幅能量预测砂砾岩体储层孔隙度中应主要选择那些能反映期次内地层反射界面个数以及组合起来能消除调谐效应的能量属性。那么，在以上优选的地震属性当中选取强度总和、负振幅总和、零点相位数 3 个属性无疑是最优、最少的选择，因为在正极性地震中这 3 种属性与砂砾岩体期次内振幅能量的总体调谐效应有着内在联系。其中强度总和表示振幅绝对值之和；零点相位数表示时窗内地震波零相位的个数，它表征了地层反射界面的个数。通过这 3 种地震属性多元回归拟合可以有效地消除砂砾岩体期次内调谐效应的影响。

（3）提高储层参数与属性参数的相关性。

提高地震属性参数与砂砾岩体储层孔隙度的相关性有助于储层预测获得良好效果。由于砂砾岩体多期叠置并有强烈的非均质性，每一个地震上可划分期次的砂砾岩体当中都包含有更小期次的砂砾岩体，这些更小的期次地震上不能一一识别，因此基于地震上可划分的砂砾岩体期次储层孔隙度统计值是一个近似值，它也不能完全真实地反映储层的真实情况。并且，由于砂砾岩体沉积的复杂性，地震上层位解释很难十分准确，因此提取的地震属性也存在偏差。另外，由于人为因素的影响，统计误差也不可避免地存在。在回归拟合中应当尽可能消除这些误差的影响，以提高储层预测效果。通过孔隙度参数与地震属性参数的样点交会图可以有效识别这些偶然误差的存在。图 5-15 是盐家-永安地区第 8 期次砂砾岩体孔隙度与强度总和、负振幅总和、零点相位数 3 种地震属性参数的散点交会图，在误差校正之前，孔隙度与这 3 种地震属性的相关性系数分别为 53.121%、53.9862% 和 61.8659%，通过观察交汇图的样点分布情况可以看出，10、11 两点（空心圆）远离样点总体趋势，因此有理由相信这两个点是存在较大误差的异常点，可以通过校正统计值或者予以剔除来消除异常误差对预测的影响。通过剔除这两个异常点可以看出，孔隙度与地震属性的相关性有了明显提高，它们的相关性分别提高

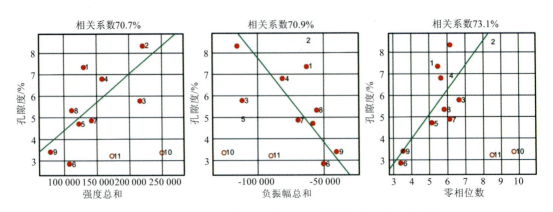

图 5-15 第 8 期次砂砾岩体孔隙度与强度总和等 3 种属性散点交会图

到了 70.7%、70.9% 和 73.1%。

3) 预测效果分析

在通过属性优化分析确定地震属性的类型和个数，并剔除异常值提高相关性之后，自动求得多元回归拟合函数，第 8 期次砂砾岩体孔隙度预测的多元回归拟合函数为：

$$\Phi = 1.98991 + 0.000110721 x_1 + 0.00015185 x_2 - 0.294354 x_3$$

式中，x_1 为强度总和；x_2 为负振幅总和；x_3 为零点相位数。

图 5-16 是用该拟合函数对地震属性参数转换而求得的第 8 期次砂砾岩体孔隙度平面预测结果。

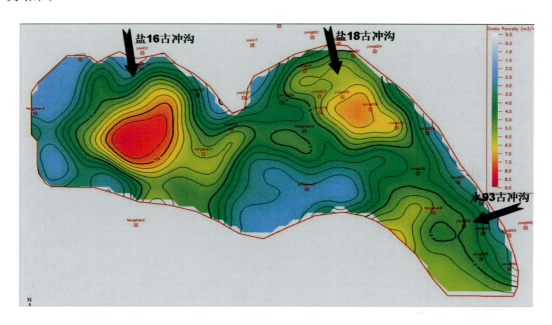

图 5-16　盐家-永安地区第 8 期次砂砾岩体孔隙度平面预测图

以上属性分析可以明确强度总和、负振幅总和、零点相位数 3 个地震属性是孔隙度预测的最优选择，但是对于不同深度、不同反射界面个数的期次中各属性的比例权重是不一样的，其具体的回归拟合函数方程表现为各属性参数系数的变化。

陡坡带盐家-永安地区呈沟梁相间格局，从西往东依次发育了盐 16、盐 18 和永 93 三大古冲沟体系，这些古冲沟从总体上控制了砂砾岩扇体的展布特征。从盐家-永安地区第 5、第 8 期次砂砾岩体孔隙度平面预结果上可以清晰地看出该区的沟梁分布格局以及砂砾岩扇体的展布特征：砂砾岩体沿沟谷分布，在古冲沟前方扇中的部位具有较高的孔隙度，而在扇根、扇端以及古冲沟交汇的部位孔隙度较低，因此，宏观上孔隙度预测结果与砂砾岩扇体地质沉积规律是相吻合的；再从孔隙度预测值与实测值的误差来看，预测绝对误差在 $-1.272 \sim 1.010$ 之间，平均绝对误差仅为 0.351（表 5-3），说明预测结果也是比较准确的。

根据有效储层定义以及各期次砂砾岩体储层孔隙度平面预测结果，确定了盐家-永安地区沙三段、沙四段有效储层累加面积为 517.87km^2，其中沙三段 154.01km^2、沙四上亚段 263.2km^2、沙四下亚段 100.66km^2。

二、曲线重构波阻抗反演技术

1. 波阻抗反演技术特点

波阻抗反演技术是近几年得到广泛应用的一项技术,测井约束波阻抗反演技术是基于模型的波阻抗反演技术,它是以测井资料为依据,以地震资料为控制,通过井旁道与测井资料进行相关分析,找出最佳波阻匹配关系后,从井点出发逐步外推的一项技术,波阻抗反演具有明确的物理意义,是储层岩性预测、油藏特征描述的确定性方法。

表 5-3 盐家-永安地区第 5、第 8 期次砂砾岩体孔隙度预测值与实测值误差统计

期次 5				期次 8			
井号	孔隙度(%)			井号	孔隙度(%)		
	实测值	预测值	误差		实测值	预测值	误差
盐 164	6.847	5.774	−1.073	丰深 4	4.343	3.681	−0.662
盐 23	8.368	9.176	0.808	丰深 1	8.330	8.400	0.070
盐 22	8.926	9.015	0.089	丰深 3	5.777	5.815	0.038
盐 224	0.454	1.040	0.586	永 930	6.787	6.768	−0.019
丰深 1	0.500	0.923	0.423	丰深 10	4.706	4.786	0.080
丰深 2	0.187	0.318	0.131	丰深 5	2.846	2.893	0.047
永 921	8.110	6.838	−1.272	永 938	4.890	4.964	0.074
永 923	4.625	4.769	0.144	丰深 6	5.345	5.206	−0.139
丰深 10	0.509	0.841	0.332	永 559	3.387	3.564	0.177
永 937	8.068	8.147	0.079				
丰深 6	0.485	0.589	0.104				
丰深 5	0.393	0.698	0.305				
盐 222	8.535	8.398	−0.137				
盐 227	6.133	6.806	0.673				
永 928	4.618	5.628	1.010				
永 930	4.386	4.458	0.072				
永 933	4.439	4.482	0.043				
永 935	5.364	5.443	0.079				

测井约束波阻抗反演充分利用了测井纵向上高分辨率和地震资料横向的连续性,提高了识别储层的分辨率和精度,该技术亦在综合石油地质分析的基础上有针对性的应用,目前较多地用于碎屑岩储层的预测中,可确定储层的范围,求取其厚度。

测井约束反演是一种基于模型的波阻抗反演技术，这种方法从地质模型出发，采用模型优选迭代摄动算法，通过不断修改更新地质模型，使模型正演的合成地震记录与实际地震数据最佳吻合，最终的模型数据便是反演结果。在薄层地质条件下，由于地震频带宽度的限制，基于普通地震分辨率的直接反演方法，其精度和分辨率都不能满足油田开发的要求。测井约束地震反演预测技术以测井资料丰富的高频信息和完整的低频成分补充地震有限带宽的不足，用已知地质信息和测井资料作为约束条件，推算出高分辨率的地层波阻抗资料，为储层深度、厚度、物性等精细描述提供可靠的依据。

东营凹陷陡坡带砂砾岩体沉积具有自身基本特点，基于沙四段岩性、储层参数与测井和地震参数信息之间的统计分析结果，首先对目的层段（沙四）进行测井约束地震波阻抗反演处理，在充分利用地震波阻抗参数对扇体包络进行进一步确认的基础上，使用测井曲线重构拟声波技术，得到拟声波波阻抗反演结果。通过把多种对储层岩性敏感的测井曲线特征加入到反演结果中，使反演结果可以更好的识别有效砂砾岩体储层。

2. 基于测井曲线重构的拟声波反演

从地震传播理论上讲，波阻抗反演是叠后地震资料反演的唯一有效手段，进行波阻抗反演以外的参数反演是站不住脚的。但是不同测井曲线是用不同的地球物理方法对同一个地质目标探测所得到的结果。尽管这些结果是不同的物理响应，但他们所反映的是同一个地质体，它们之间必然有一种内在的关系，这种关系不是简单的线性关系而往往是非线性映射。实际上，声波测井曲线与其他的测井曲线存在着某种确定性或统计性的关系，如在地球物理测井中可以利用法斯特（Faust）公式将电阻率近似转变为声波测井曲线；利用Gardner公式实现声波测井曲线到密度曲线的转换。因此根据储层地球物理响应特征，利用声波测井曲线以外的其他测井资料所揭示的岩性、储层、物性、烃类信息变成地震可操作的反演模型是有其理论基础和实际意义的。

测井曲线的重构就是将与地震反射无直接关系，但能反映地层岩性的特征曲线，加入到与地震反射有直接关系曲线中（一般为速度类曲线），使储集层的地震波传播速度与围岩的地震波传播速度区分开来，通过测井约束反演、内插、外推，直接反映地层岩性变化，从而达到预测储集层的目的。

曲线重构技术主要适用于那些储集层与围岩波阻抗（或速度）区别不大的地区。目前，曲线重构常用的方法有两种：一是将自然电位、自然伽马、补偿中子等非速度类特征测井曲线归一化到声波曲线的数值范围，替代速度曲线进行重构；另一种是将上述特征曲线归一化处理，使其数值范围规范到[0，1]区间，将归一化后的特征曲线作为系数曲线，利用简单的算法，将特征曲线对岩性的反映叠加在声波曲线上，使其具备自然伽马、自然电位、电阻率等测井曲线的高频信息，还结合了声波的低频信息，从而既能反映地层速度和波阻抗的变化，又能反映地层岩性等的细微差别。当然在实际应用过程中，通常紧密结合具体问题，根据不同类型的储层的测井响应特点来确定如何"合成"拟声波曲线。

1）测井约束地震波阻抗反演过程及参数选取

通过对比，选用基于模型的测井约束波阻抗反演，根据所掌握资料及井位分布情况，选取了研究区域内10口钻井：丰深1、丰深2、丰深3、丰深4、丰8、永554、永559、永920、永928、永929，其中永929缺密度测井曲线，由声波计算产生。对这些井的声波和密度的19条测井曲线进行了标准化处理（深度校正、环境校正、泥岩基线校正、异常点剔除、平滑滤波等）。

测井信号中一般含有一些随机信号,有时由于测井环境的变化(如井径、泥浆密度与矿化度、泥饼、井壁粗糙度、泥浆侵入带、地层温度与压力、围岩、仪器外径、间隙等非地层因素)会使测井曲线出现与地层性质无关的起伏毛刺,泥岩基线偏移等问题,甚至出现曲线的严重变形失真,给相关的计算带来很大的误差。在测井资料前期处理过程中,必须设法把这些与地层性质无关的统计起伏和毛刺干扰滤掉,把偏移的基线校正,保留和修正测井曲线上反映地层特性的有用信息。处理过程利用了 Forward、Discovery 及 STRATA 软件各自的部分功能,对测井曲线进行了相应的处理。其中在异常点处理过程中,结合了中值滤波和点编辑的方法。

2)敏感测井曲线的选取

研究区域目的层段主要岩性为灰质砂岩、砂砾岩、灰质粉砂岩、膏盐岩、泥岩等。储层主要为灰质砂岩及砂砾岩体。由之前的统计工作可以知道,本区域使用单一测井参数无法很好地识别不同的岩性类别,如中子孔隙度、声波、密度、自然伽马、自然电位。但对于以上测井参数的任意2种测井参数组合,都能较好地识别出砂砾岩体储层。而对于密度、自然伽马、自然电位3种测井参数,其中任意2种测井参数组合(如:den-gr、gr-sp)都能有效地识别出膏盐岩。

3)拟声波曲线的制作

对选取的敏感曲线进行预处理,选取9口井(丰深1、丰深2、丰深3、丰深4、丰8、永554、永559、永920、永928)的中子孔隙度、声波、密度、自然伽马、自然电位共42条曲线(永559缺失中子孔隙度曲线,永920缺失自然伽马与自然电位曲线)进行预处理,其处理手段与之前对声波曲线的处理一样。

对各敏感曲线进行归一化处理,抛开量纲和取值范围不同的影响。

由统计结果可知,砂砾岩体在测井曲线上显示为密度大,中子孔隙度小,自然伽马值大,自然电位值小的相对性特征。用归一化后的密度曲线与中子孔隙度曲线进行减法处理,并把得到的结果曲线重新归一化到(0,100)的取值范围,命名为 DN 曲线。同理用归一化后的自然伽马曲线与自然电位进行减法处理,并把得到的结果曲线重新归一化到(0,100)的取值范围,命名为 GS 曲线。

对各井的声波曲线进行滤波处理,滤波值选100,保留声波的低频信息,剔除高频信息。

将滤波后的声波曲线与各井所得到的结果曲线(dn)进行加法处理,得到曲线命名为 DN 拟声波曲线。同理分别把各井的 GS 结果曲线与滤波后的声波进行加法处理,得到 GS 拟声波曲线。

4)拟声波地震波阻抗反演

以上诉方法得到的 DN、GS 拟声波曲线替代声波曲线来进行基于模型的波阻抗反演,得到不同于常规声波波阻抗反演的 DN、GS 拟声波反演数据体。需要说明的是,在反演之前要对各特征曲线原有的合成地震进行微调校正,其时深关系选用原声波曲线精确合成地震产生的时深关系。

以上述方法得到的 DN、GS 拟声波曲线替代声波曲线来进行基于模型的波阻抗反演,得到不同于常规声波波阻抗反演的 DN、GS 拟声波反演数据体。需要说明的是,在反演之前要对各特征曲线原有的合成地震进行微调校正,其时深关系选用原声波曲线精确合成地震产生的时深关系。

5)反演效果分析

从反演结果的剖面上看,常规波阻抗反演和基于曲线重构的波阻抗反演都表现出更好的层状特征,比起原始地震剖面更清晰地揭示近岸水下扇内部的结构。而相比常规波阻抗反演的结果,基于曲线重构的地震波阻抗反演,其结果能更好地刻画扇体的内部结构和识别有效储层。从结果上来看,DN 拟声波反演效果与 GS 拟声波反演效果近似(图 5-17、图 5-18)。

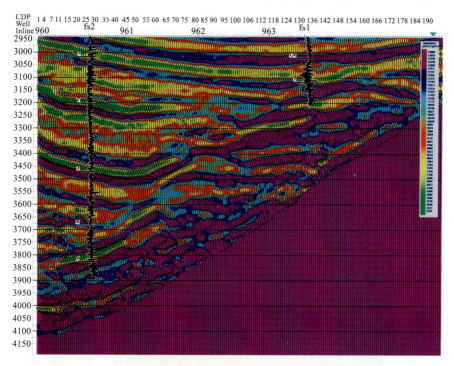

图 5-17 过丰深 2—丰深 1 井南北向波阻抗反演结果

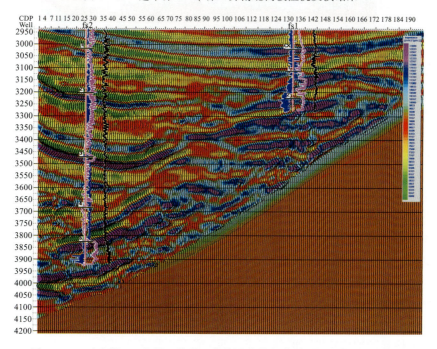

图 5-18 过丰深 2—丰深 1 井基于曲线重构的拟声波 GS 波阻抗反演结果

从钻井的油气显示情况可以看出,GS拟声波地震反演结果与储层有良好的相关性。丰深1井盐下2小层底界面处(4 368m)为天然气产层,对应于GS拟声波反演剖面处有明显波阻抗高值显示。丰深3井盐下3小层中部产气部位也对应着波阻抗高值。而丰深4井的盐下3小层砂砾岩体中的两段产气层都准确对应了GS拟声波反演结果的高值区域。丰8井底部盐下4小层的大段砂砾岩体通过压裂产气,在剖面上也对应了紫色显示的高值。

以上油气显示与反演剖面的对比,有力地证明了基于曲线重构的拟声波地震反演结果可以准确地识别目标层段的有效储层。从图5-19可以看出:丰深1井的沙四下高产气层和GS反演效果吻合程度较高。

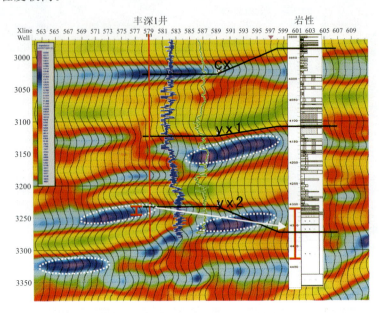

图5-19 丰深1井GS反演结果与储层对照图

三、储层预测效果

在砂砾岩体相带范围确定的情况下,根据有效储层在拟声波反演结果中表现为高值,把门槛值设定在有效储层临界处,这样通过识别剖面上的紫色,能够容易地寻找到砂砾岩体有效储层。如过丰深1井的GS拟声波地震反演剖面(图5-20),剖面上可以看到沉积扇体的形态,扇体中反演结果高值部位(即剖面上紫色部位),对应于有效储层(含气砂砾岩体),丰8井区未钻遇深度还可以预测到至少7个有效砂砾岩体储层。

沙三下储层在胜坨-盐家地区主要为近岸水下扇、扇三角洲和湖底扇砂砾岩,及近岸砂体前缘滑塌浊积岩,储层埋藏较浅,物性较好。在反演体上表现为:低波阻抗背景上的相对高值、相对高密度、高电阻率的特征。根据砂砾岩储层的钻井标定,分别得到了纵波波阻抗、密度和电阻率3个反演数据体。利用二维、三维交会分析,通过测井标定对储层在P波阻抗、电阻率、密度反演体上进行了定量标定。

通过测井曲线交会分析,砂砾岩储层发育段在波阻抗-电阻率-密度、电阻率-密度-波阻抗交会图上具有明显的响应特征,如:沙三下1期,坨156井在2 355~2 360m、2 390~2 395m储层段;沙三下2期,坨156井在2 440~2 455m、2 470~2 490m、2 500~2 515m储层段;沙三

第五章 砂砾岩体储层预测技术

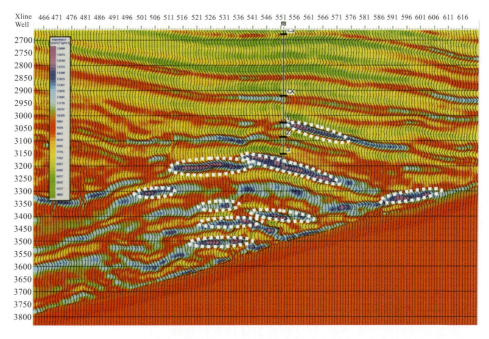

图 5-20 过丰 8 井 GS 拟声波地震反演剖面图（白色圈出区为有效储层）

下 3 期，坨 156 井，在 2 560～2 565 m、2 585～2 595 m、2 600～2 605 m、2 610～2 625 m 储层段；沙四上 1 砂组，坨 156 井，在 2 710～2 720 m、2 745～2 760 m 储层段；沙四上 2 砂组，永 920 井，在 3 245～3 410 m 储层段。将砂砾岩储层测井交会响应区，进行标定储层反演数据，得到砂砾岩储层在反演数据上的平面、剖面分布特征。在标定的结果图上，储层的分布得到了定量的展现（图 5-21）。

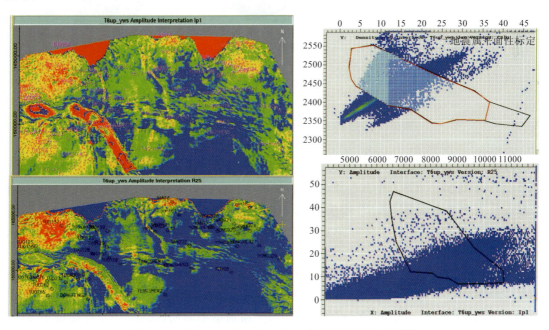

图 5-21 坨 764—丰 8 地区沙三下 I 期储层交会分析图

砂砾岩体地震反射杂乱,精细描述比较困难,为了提高孔隙度的预测精度,在地质认识的指导下结合砂砾岩体的分布形态特征,采取以下方法控制可能产生的误差:

(1)属性提取时,由于砂砾岩体岩性变化复杂,沿层难以给定合适的时窗,因此采用两个层位来控制属性时窗。为使层段属性能反映出扇根形态,在层位解释时,底层沿基岩面延伸解释至上下层位齐平。

(2)进行精细合成记录标定,确定时窗对应的井段深度范围,统计井段的(加权)平均孔隙度。

(3)根据经验,主要使用反映砂砾岩体展布形态较好和反映孔隙度较灵敏的振幅、频率类地震属性来约束孔隙度预测。在进行数学规律拟合时,考虑到物性统计中可能存在的误差,通过剔除距离较远的异常点值以提高相关性(一般相关系数要大于 0.7,22 个井点左右)。

沙四上第 1 期,时窗范围 0~400ms,顶底层位分别为砂组 4、砂组 5,解释深度范围(东营速度):顶面 2 270~3 560m,底面 2 440~4 130m。在提取的属性中,最大振幅属性与砂砾岩体分布情况比较吻合,统计的 22 个井点数据中参与计算 18 个,相关性 0.81。预测结果表明(图 5-22),shazu4-5 孔隙度 1.2%~16%,平均约 9%。孔隙度展布具有一定的规律性,呈条带状连续性分布,在冲沟部位延续较远,沟间部位延伸较短。孔隙度扇根最差,扇中最好,向扇端随着泥质含量增加孔隙度变差,符合砂砾岩体的沉积规律。

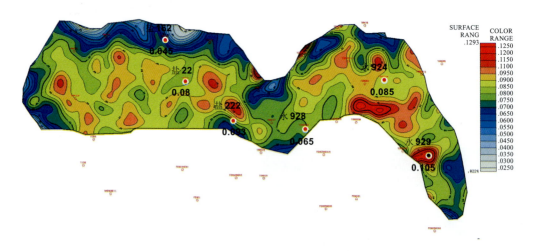

图 5-22　盐家-永安地区沙四上第Ⅰ期储层物性预测图

沙四上第 2 期,时窗范围 0~400ms,顶底层位分别为砂组 5、砂组 6,底面解释层位深度范围 2 210~4 582m。在提取的属性中,最大振幅属性与砂砾岩体分布情况比较吻合,统计的 25 个井点数据中参与计算 22 个,相关性 0.769。预测结果表明,shazu5-6 孔隙度 3.4%~11.5%,平均约 8%。孔隙度在盐 22 区块从扇根向扇端呈发散状连续展布,反映了砂砾岩扇体的物源方向和展布特点。

沙四下第 1 期,时窗范围 0~450ms,顶底层位分别为砂组 6、砂组 7,底面解释层位深度范围 2 420~4 810m。在提取的属性中,均方根振幅属性与砂砾岩体分布情况比较吻合,统计的 22 个井点数据中参与计算 16 个,相关性 0.754。预测结果表明,shazu6-7 孔隙度 1.2%~12%,平均约 6%。Shazu6-7 的扇根和扇中部位孔隙度较高,平均在 7%以上,分带性不明显;

丰深 10—丰深 5 区块孔隙度较低,平均小于 4.5%,原因是在该时窗范围内岩性主要以泥岩和含膏泥岩为主。

沙四下第 2 个层段,时窗范围 0~300ms,顶底层位分别为砂组 7、砂组 8,底面解释层位深度范围 2 455~5 180m。在提取的属性中,最大振幅属性与砂砾岩体分布情况比较吻合,统计的 22 个井点数据中参与计算 17 个,相关性 0.808。预测结果表明,shazu7-fs1yc 孔隙度 3%~7.5%,平均约 5%。Shazu7-fs1yc 扇中部位孔隙度较好,平均在 6%以上,分带性不明显;丰深 5 区块因含较多的泥岩和含膏泥岩而孔隙度较低,平均小于 4%。

第三节 基于叠前信息的储层预测技术

一、叠前信息特征

由于砂砾岩体属于快速堆积体,内部结构复杂,横向物性变化大,含油性存在很大差异,到目前为止,在东营凹陷探明的储量范围之内,只有 2 个区块(永 920、盐 22)进行了开发,合计开发的储量只有 360 万吨左右,未达到探明石油储量的 10%,储量动用程度很低。

近年来,东营凹陷陡坡带应用了大量的新技术新方法,主要有叠后地震属性、叠后反演、吸收系数等,由于叠后资料信息的局限性,这些方法在预测岩性方面具有一定的优势,但是在预测物性及含油性方面还存在不足。

地震反射振幅随炮检距变化的研究(简称 AVO)主要是在叠前道集上分析振幅随炮检距变化的规律,估求岩石的弹性参数、分辨岩性和孔隙充填物,直接寻找有用矿藏(如气藏、盐藏)的一种新方法。它利用的是反射系数随入射角变化的基本原理,反射系数随入射角变化与界面上、下岩层的泊松比或纵横波速度比的大小有关,而泊松比与岩性、气藏等有密切关系。

AVO 属性分析的基本思想,主要有两个方面:一是,不同的岩性参数组合,振幅系数随入射角变化的特征不同,利用 AVO 正演模型,分析已知的油、气、水和岩性的 AVO 特征,有助于从实际地震记录中识别岩性和油气,定性进行地震油藏描述;二是,振幅系数随入射角变化本身隐含了岩性参数的信息,利用 AVO 关系可以直接反演岩石的密度、纵波速度和横波速度,定量进行地震油藏描述。

Castagna(1994)划分了 4 类 AVO 模型:

Ⅰ类为高阻抗含油气砂岩(C1),这类砂岩具有比上覆介质高的波阻抗,相当于中等到高度压实作用的成熟砂岩,其 AVO 特征为:零炮检距振幅强且为正极性,AVO 呈减少趋势,当入射角足够大时可观察到极性反转。

Ⅱ类为近零阻抗差的含油气砂岩(C2),这种砂岩受到中等程度的压实作用,将会在叠加剖面上产生暗点,因而在地震数据上很难发现;其 AVO 特征为:零炮检距振幅很小,趋于零,由近及远,其 AVO 特征变化较大,特别是不同岩性组合时更大。

Ⅲ和Ⅳ类为低阻抗含油气砂岩(C3 和 C4),它比上覆介质的阻抗低,属于压实不足或者未固结的砂岩,其 AVO 特征为:零炮检距振幅很强,呈负极性,AVO 呈增加趋势(指振幅绝对值)的为第三类,这一类 AVO 代表对流体相当敏感的柔软砂岩,离背景趋势很远,因此在地震数据上很容易被检测到(图 5-23、表 5-4)。

常用 AVO 属性及其物理意义包括如下几个方面:

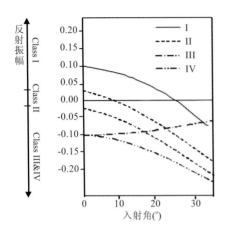 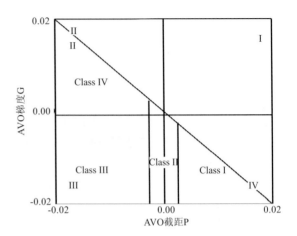

图 5-23 气层 AVO 分类模型

表 5-4 AVO 分类表

AVO 分类	相对上覆围岩阻抗	所在象限	R(0)	G	AVO 属性乘积
Ⅰ	高阻抗砂岩	4	+	−	负
Ⅱp	近零阻抗	4	+	−	负
Ⅱ	近零阻抗	3	−	−	正
Ⅲ	低阻抗砂岩	3	−	−	正
Ⅳ	低阻抗砂岩	2	−	+	负

(1) P 波剖面与常规的 CMP 叠加剖面相比,更接近于零炮检距剖面,信号的失真度较小。因此,用它做波阻抗反演及属性提取,将会提高处理精度。

(2) 梯度剖面,它的数值反映了反射系数随 $\sin^2\alpha$ 变化的变化率,G 值的大小隐含着反射界面上下地层岩性变化的信息。

$$R(\alpha) = P + G\sin^2\alpha$$

(3) 横波剖面,将 P 波剖面和梯度剖面相减,就是零炮检距道横波剖面,借助于它可以研究界面处岩石结构机理的变化。

(4) 拟泊松比剖面,把 P 剖面与 G 波剖面相加,其和的变化反映了泊松比的变化,我们把这个剖面称为拟泊松比剖面。

(5) 碳氢指示剖面,单独利用 P 波剖面,不能排除其多解性,综合利用 P 和 G(它的大小及正负号均与岩性和流体性质有联系),把 P 剖面与 G 波剖面相乘的结果,称为碳氢指示剖面。

(6) 流体因子剖面,通过估算 P 波和 S 波的速度比及密度,利用梯度和截距的差值变化趋势来显示流体因子异常。

这些属性均反应了岩石弹性参数的相对变化率,而不是其绝对值,仍然属于地震波形的范畴,但这些叠前属性体可以揭示地层的某些隐藏信息,反映一些从常规叠后地震记录中难以探测到的异常,有些可作为烃类检测的标志。

同样的,反演可以在叠前做,也可在叠后做。叠后地震反演方便快捷,其波阻抗反演成果在一定程度上能够反映储层的内部变化规律。近年来，国内外发表和推出了一些有关叠后反演的新方法、新技术和软件系统，它们各自有其方法、技术特点和实现特点，注重了地质、测井资料与地震资料的结合使用，但在复杂储层和含油气性反演方面还有不少待探讨的实际问题。由于使用全角度多次叠加后的叠后地震资料，缺乏叠前数据所包含的丰富的振幅和旅行时信息，在某种程度上削弱了反映储层特征的敏感性。另外，叠后地震反演只能提供种类很少的纵波波阻抗等参数，不能给出纵横波速度比、泊松比等反映物性、流体特征的参数，在研究储层物性、流体方面受到了限制。叠前地震反演与叠后地震反演相比，具有良好的保真性和多信息性。叠前地震资料反演技术，包括先进的弹性波场反演方法在内，克服了叠后反演的不足，不但适合薄储集层物性反演，还可进行含油气性反演。叠前地震反演保留了地震反射振幅随偏移距不同或入射角不同而变化的特征，并充分应用了叠前不同入射角的地震道集数据，部分角叠加和梯度、截距等数据体。通过对这些数据的纵横波反演技术研究，能得到纵、横波波阻抗，纵、横波速度，纵、横波速度比，密度，泊松比等多种参数体；提供了研究岩性、储层、流体变化规律的更多、更有效的反演数据体成果。叠前地震反演较叠后地震反演推进一步，能更可靠地揭示地下储层的展布情况、储层的物性及含油气性。

因此，叠前信息的合理应用，可以进一步提高储层预测的精度，分砂层组预测每期砂砾岩体储层的分布特征，包括孔隙度和厚度。

二、叠前反演关键技术

1. 技术流程

地震反射振幅不仅与分界面两侧介质的地震弹性参数有关，而且随入射角变化而变化。叠前地震反演保留了地震反射振幅随偏移距不同或入射角不同而变化的特征，并充分应用了叠前不同入射角的地震道集数据，部分角叠加和梯度、截距等数据体及横波、纵波、密度等测井资料，联合反演出纵、横波波阻抗，纵、横波速度，纵、横波速度比，密度，泊松比等多种与岩性、物性及含油气性相关的弹性参数，综合判别储层物性及含油气性。正是由于叠前弹性波阻抗反演利用了大量地震及测井信息，所以进行多参数分析的结果较叠后声阻抗反演提供了更多、更有效的研究岩性、储层、流体变化规律的反演数据体成果，因此，在可信度方面有很大提高，可对含油气性进行半定量-定量描述。而对碎屑岩地层来说，含气砂岩、含流体砂岩、致密砂岩和泥岩之间的泊松比差异，是进行弹性波阻抗反演，运用弹性参数预测储层物性的基础和前提。

叠前测井约束反演是一个复杂的过程：一是包括的资料丰富，主要包括地震数据（叠前时间、深度道集，叠前时间、深度成果数据），测井资料（测井曲线、井斜轨迹、横波测井），地质数据（录井、取芯、岩芯分析数据），试油试采资料，岩芯实验资料等；二是关键步骤多，包括了时间域层位标定、深度域层位标定、分角度道集资料标定、横波估算、模型建立等；三是考虑环节多，要进行砂砾岩体有效储层的预测既要考虑构造背景、沉积环境，又要考虑叠前孔隙度反演的结果，同时要结合实验数据、测井数据分析弹性参数与有效储层的关系，确定有效储层弹性参数门限，预测出与实际吻合的结果（图 5-24）。

2. 技术关键

1）道集处理

（1）叠前道集分析与预处理。

叠前属性分析主要是通过研究振幅随偏移距的变化来估算地下介质的弹性特征，进而进

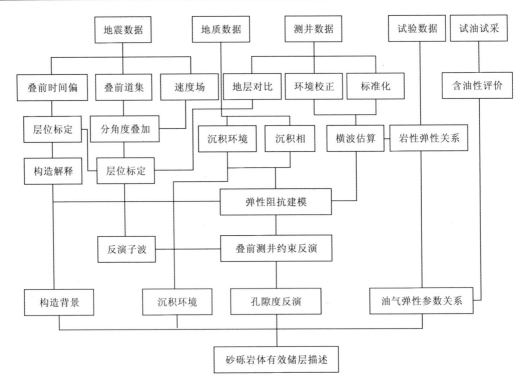

图 5-24 叠前反演的技术流程

行储层表征和油气检测,因此对原始道集资料有特殊的要求:一是保幅;二要保证道集内远近道无时差且同相。目前,共收集到 4 套不同年代采集、处理的道集,分别是北带连片的 CIP 道集、盐 18 井区叠前深度偏移处理的 CIP 道集、CMP 道集及叠前深度偏移道集。从各套道集的对比分析来看(图 5-25),CMP 道集资料的信噪比差,同相轴不平,且存在属性归位的问题;叠前深度偏移道集保幅性稍差,因此,优选盐 18 井区新处理的 CIP 道集来进行后续的叠前属性分析及叠前反演工作。与此同时,因 CMP 道集资料包含了方位角的信息,可用来进行叠前裂缝预测;叠前深度偏移的道集成像可靠,对于复杂构造地区的叠前地震属性分析具有一定的优势,因此可在下一步的工作中对叠前深度偏移域的叠前属性分析及解释工作进行探索和研究。

盐 18 井区叠前深度偏移处理面积 80 km^2,其中,道集资料处理面元均为 25m×50m,CIP 和 CMP 道集的覆盖次数和偏移距分布范围如表 5-5 所示。CIP 道集输出偏移距最小 75m,最大 4 125m,覆盖次数不均匀,最小 9 次,最大 28 次。但从 CMP 道集来看,野外覆盖次数最大 169 次,偏移距最大 8 115m,是目的层深度的 2 倍,因此属于长偏移距资料。足够大的偏移距分布保证了近中远不同偏移距反射振幅的差异,但因覆盖次数分布不均匀,因此不能保证每个部分入射角叠加道集上具有足够的覆盖次数。

而通过大时窗的 AVO 分析来看,CIP 道集浅层有明显的采集脚印,并且以盐 18 井为界,左右两边有明显的能量差异。因为叠前属性分析是以道集上振幅能量的变化为基础的,因此,这种能量的异常也将会对叠前属性分析的结果产生一定影响。

叠前属性分析对于道集质量的要求非常高,因收集到的 CIP 道集资料已经经过了去噪、球面扩散补偿、地表一致性振幅均衡等处理,因此,预处理工作主要为道集切除。这主要是因

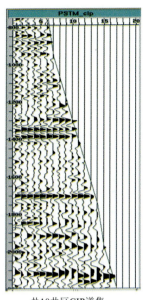 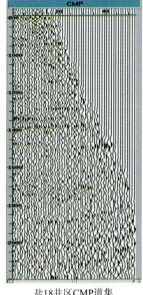 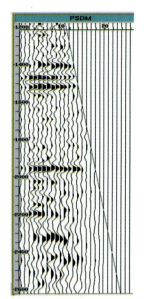

盐18井区CIP道集　　　　盐18井区CMP道集　　　　盐18井区深度偏移道集

图 5 - 25　东营北带道集资料

为 NMO 校正量随到达时不同会发生变化,地震道在远偏移距的频率变低,因此,在做 AVO 分析前要把拉伸效应明显的远偏移距道进行切除。如图 5 - 26 所示,经过远偏移距切除处理的道集,远近道无时差,更真实地反映了远近道振幅的变化情况。

表 5 - 5　道集资料分析

道集名称	覆盖次数(次)			偏移距(m)	
	最小	最大	平均	最小	最大
CIP 道集	9	28	20	75	4 125
CMP 道集	0	169	23	24	8 115

(2)分角度叠加 AVO 分析。

分角度叠加是基于入射角相关的 AVO 属性,是叠前属性分析中很重要的一部分,同时也为叠前弹性反演提供了数据基础。根据数据体的具体情况,可以将每个角度道集中所对应的小角度的道抽出来叠加,称为小角度叠加剖面。相应地把每个角度道集中所对应的大角度道抽出来叠加形成大角度叠加剖面,还可以将中间角度范围的道叠加形成中角度叠加剖面。通过对不同角度叠加数据体进行对比,可以分析流体的变化。

通过偏移速度将偏移距转化为入射角之后,对工区目的层数据的入射角范围进行了分析。整体来看,除去覆盖次数不均匀的边界数据外,目的层段能够完整接收的最大入射角度在 35°左右;同时考虑到近偏移距数据信噪比低,需要适当增大最小角度以减少多次波或干扰波的影响,因此将工区目的层段分角度叠加处理的角度范围控制在 5°~35°。

从理论上来讲,叠加数据体角度划分的精细程度直接关系到地震 AVO 特征的保持。因

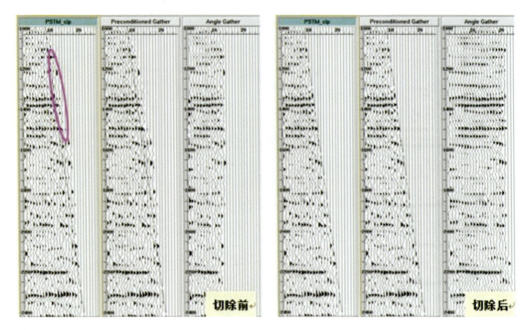

图 5-26 CIP 道集预处理

此,综合考虑 CIP 道集的覆盖次数、信噪比等因素的影响,采用"平均分配"的原则,最终确定分角度叠加处理的角度区间:5°～15°、15°～25°、25°～35°。不同角度叠加的属性剖面(图 5-27)表明,近道角叠加数据信噪比相对中、远道要低,频率从近道到远道有衰减的趋势;同时由于该区的储层是一类 AVO,具有振幅随偏移距增大而减小的特征,在近角度叠加的剖面上储层的反射特征更加突出,表现为强反射,中角度和大角度,振幅逐渐衰减。

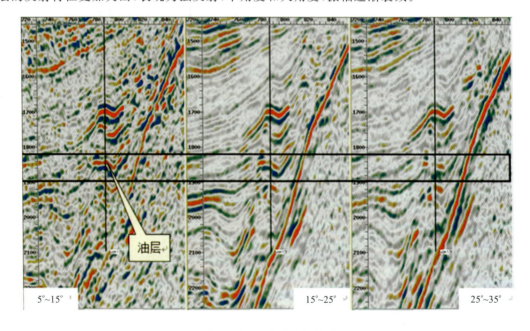

图 5-27 分角度叠加剖面

2)岩石地球物理特征及叠前正演

(1)岩石物理特征。

岩石物理分析主要研究地球物理勘探所获得的物理量与地下储层参数的对应关系,这二者对应关系的确定程度必然影响到地球物理探测结果、储层解释能力及其效果,对于地震勘探来说确定地震波特征的因素除激发、接收条件外主要受岩石的弹性模量、密度和吸收等特性的影响。而这些特性又与岩石成分、孔隙度、埋深、孔隙内流体性质、压力、岩层的不均匀性以及其他的地质特性密切相关,了解岩石物性与地震波特性的关系可以更好地研究储层性质(孔隙度、渗透率)及其状态(饱和度、孔隙压力等)。利用岩石物理技术研究的成果,可以提供各种对储层识别及含油气性分析的敏感岩石物理参数,有效指导储层反演。

本次研究通过对全区 40 余口井的声波时差、井径、自然电位、孔渗饱等岩电参数的统计,并对目的层段中不同岩性、同种岩性含不同流体等条件下岩电参数的变化特征进行分析,探讨砂砾岩体储层地球物理参数的变化规律。

①不同岩性速度特征。由岩芯试验所测得的数据及目的层段的岩性速度统计来看(图 5-28、表 5-6),不同岩性在 $v_p \sim v_s$ 交会分析中大致是可以区分的,且中粗砂岩和片麻岩速度较高,泥岩和粉砂岩速度较低。而从 $Z_p \sim Z_s$ 分析来看,砂岩的阻抗大于泥岩。因此,岩性差异是造成工区岩石物理参数特征的重要原因。

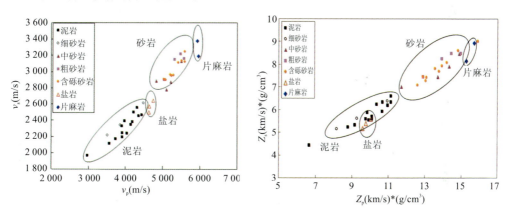

图 5-28 岩石样品 $v_p - v_s$、$Z_p - Z_s$ 关系

表 5-6 沙四段不同岩性速度统计

层段	深度(m)	主要岩性	平均速度(m/s)
Es_4	4 152~4 227	盐岩、盐质、膏质泥岩、石膏岩不等厚互层	5 480
	4 226~4 241	含砾砂岩	5 320
	4 240~4 303	泥岩、石膏质泥岩、泥质砂岩互层	4 100
	4 302~4 315	泥质砂岩、泥岩互层	4 550
	4 314~4 325	砂砾岩、细砂岩,向上变细	4 670
	4 324~4 502	含砾砂岩、砾岩段	5 440

根据 AVO 的属性-截距和梯度的位置可划分为 4 类。第一类为高阻抗含气砂岩,这相当于受过中等到高等压实作用的成熟砂岩。其 AVO 特征为振幅随偏移距的增大而减小(指振幅绝对值,下同),当入射角足够大时可观察到极性反转。第二类为近零阻抗含气砂岩,这种砂岩受中等程度的压实和固结作用。其 AVO 特征为振幅在零偏移距附近不易检测,随偏移距的增大变化较大。第三类为低阻抗含气砂岩,属于压实不足或未固结砂岩,其 AVO 特征为振幅随偏移距的增大而增大。第四类也为低阻抗含气砂岩,其 AVO 特征为振幅随偏移距的增大而减小。因此,从工区的岩石物理参数分析,工区具备 I 类 AVO 异常的速度和阻抗特征。

②不同流体储层的物理参数特征。为了明确研究区内含不同流体储层的岩石物理特征,对 15 口关键井进行了岩石物理参数交会分析。由永 920 井的交会结果来看,其油层的速度、密度和阻抗值均大于泥岩。而永 930 井的交会结果则表明(图 5-29),相对于泥岩,储层表现为高阻抗、低 v_p/v_s 的特征,虽然含流体后储层速度和阻抗均有所降低,但其值总体上还是要大于泥岩的,即 v_p(干层)>v_p(油水同层)>v_p(泥岩),Pimp(干层)>Pimp(油水同层)>Pimp(泥岩),v_p/v_s(干层、油水同层)<v_p/v_s(泥岩)。另外,其余井如盐 18 井、永 924 井等的分析结果也都表现出了与永 920 井、永 930 井相似的特征。

通过上述岩石物理分析结果可知,研究区砂砾岩体储层具有高阻抗、低 v_p/v_s 的特征,为高阻抗的含油气砂岩,与非储层差异明显。

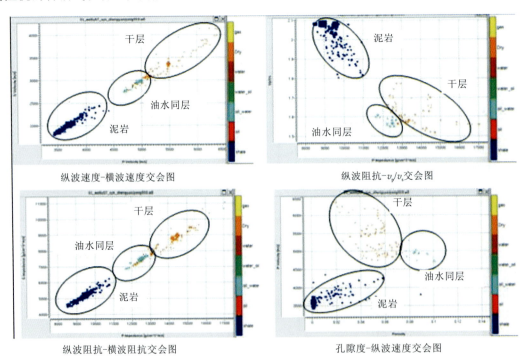

图 5-29 永 930 井不同流体储层的物理参数交会分析图

(2)叠前 AVO 正演。

叠前地震正演模拟主要是利用模型正演模拟 AVO 现象,结合研究区的油藏特征,分析油气水的 AVO 特征,建立相应的 AVO 检测标志,在实际地震记录中直接识别岩性及流体,并为叠前属性分析及叠前反演的研究提供理论数据,对反演方法的可行性和有效性进行检验。

利用纵波速度、横波速度、孔隙度、密度、泥质含量、含水饱和度曲线对研究区15口关键井的储层进行了正演模型研究。图5-30为永920井、永924井、永921井及永930井饱含不同流体时的叠前地震反射响应特征。其结果表明,储层顶面反射为正值,说明砂岩储层速度大于上覆泥岩速度;当储层中饱含流体时,其反射振幅随偏移距增加而减小,且其反射能量小于未饱含流体时储层的反射能量。这表明饱含流体时,砂岩储层速度仍然大于上覆泥岩速度,但砂泥岩波阻抗差减小。另外通过在过井CIP角道集上对比油气层与非油气层的反射特征,由于影响振幅的因素对这两个反射层可以看作是相同的,因此它们的差异应该就是岩石物性及含油气性不同造成的,同样可以看到油气层表现为振幅随偏移距的增加而减小的Ⅰ类AVO异常的特征,非油气层则表现为振幅随偏移距的增大而无明显变化的特征。

从上述的各种岩石物理特征参数交会分析及AVO正演来看,研究区砂砾岩体储层为高阻抗含油气砂岩,且与非储层差异明显,属Ⅰ类AVO异常,因此适合用叠前属性分析技术来预测储层岩性及含油气性。

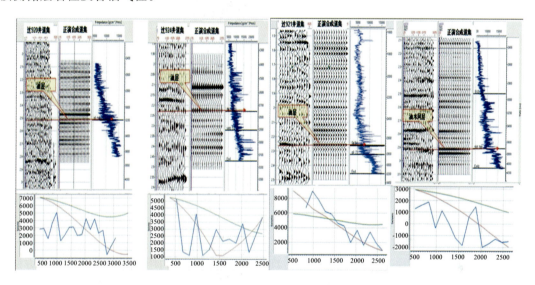

图5-30 永920井、永924井、永921井及永930井AVO正演分析

3)横波估算

横波速度在叠前反演中具有重要意义,横波速度曲线是AVO正演及弹性阻抗建模的必要数据,可用于计算岩石弹性参数,进而分析和识别岩相及流体性质。

目前,常规测井系列不包括横波时差测井曲线,横波测井资料往往只是在工区少数井中采集。通过收集到的全工区46口井的测井曲线资料来看,工区内只有丰深3井、丰深4井两口井的实测横波数据;其余18口井曲线包含了孔渗饱曲线和常规测井曲线,曲线相对较齐全;而另外26口井曲线较少,只有常规测井曲线声波、密度、GR等,缺少孔渗饱等曲线,因此必须进行横波估算。目前,横波计算的方法共有两大类:一是在井曲线较全的情况下可基于岩石物理分析进行横波速度计算,即通过研究不同温度压力条件下岩性、孔隙度、孔隙流体等对岩石弹性性质的影响,分析波的传播规律,建立岩性、物性参数与速度、密度等弹性参数间的关系,进而进行横波速度计算;二是利用经验公式求取横波速度,这种方法的缺点在于局限于对某种特定岩性及储集层的经验统计结果,没有揭示横波速度与其他弹性模量间的关系,难以评估其普遍适用性。

根据工区内测井资料的现状,横波计算主要采用了两种方法:方法一,在井曲线较全的地区直接采用基于岩石物理分析的方法进行计算;方法二,在井曲线不全的地区,首先利用经验公式拟合缺少的孔渗饱等曲线,然后再利用岩石物理分析的方法计算横波。

方法一进行横波计算的理论依据主要是流体置换模型与 Gassmann 方程。主要是根据已知井(丰深 3 井)的纵横波资料和实验数据获得基础的岩石物理参数,结合未知井的含水饱和度和泥质含量获取未知井的流体密度和模量、岩石密度和基质模量等参数,在纵波速度的控制下利用 Gassmann 公式来进行未知井横波速度的计算。与此同时也会重新拟合生成纵波速度和密度曲线,借此调整岩石组分弹性参数,当模拟纵波时差和实测井中纵波时差比较吻合时,在一定程度上说明横波时差也达到了比较高的精度。图 5-31 为利用方法一对丰深 3 井进行的横波计算结果,其计算值与实测值吻合程度较好,经统计相对误差小于 6%。

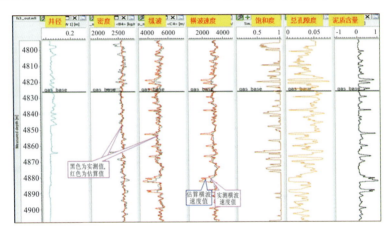

图 5-31 丰深 3 井横波计算

方法二与方法一的不同在于要首先通过现有常规测井曲线利用经验公式拟合生成方法一所需的曲线序列。拟合时须根据已知井确定适用于全区的岩石物理参数。通过对丰深 4 井利用经验公式拟合生成的孔渗饱曲线及横波速度曲线来看,其计算值与实测值基本吻合。同时为了验证横波计算方法的准确性,我们利用方法一和方法二分别对同一口井(永 920 井)进行了横波速度的计算,对这两种方法的计算结果进行了相互验证。结果表明,这两种方法的计算结果基本相似(图 5-32)。

同时,为了避免大段地层岩石组分、性质差异过大造成的误差,用纵波时差、密度、泥质含量、孔隙度和含水饱和度 5 条曲线分段统计参数、计算横波速度曲线。

因具有相似沉积环境的沉积物,其岩性、电性特征也类似,即反映同一地层的不同井,由不同测井曲线对同一标准层段作的频率直方图是相近的,其测井响应特征值应表现出相似的频率分布。依据这一原则,对估算的横波进行了标准化处理。标准化后的曲线能更准确地反映工区的沉积特征。

利用标准化后的横波曲线计算了井中的弹性参数曲线横波阻抗、v_p/v_s 等。对弹性参数进行交会分析可知,工区内储层与非储层、含不同流体储层间均有明显的差异,具备开展叠前反演描述砂砾岩体有效储层的岩石物理基础。

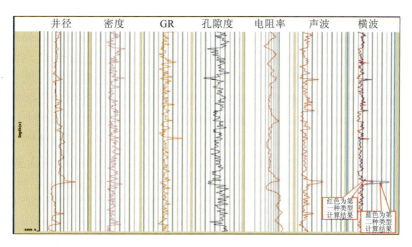

图 5-32　永 920 井两种横波计算方法结果

4）复杂模型建立

砂砾岩体储层沉积格局复杂，储层纵横向变化快，非均质性强，因此速度建模是该地区反演中的难点。常规叠后反演建模方式主要是井控建模，即单纯利用井上的速度进行内插外推，这种建模方式优点在于跟井的吻合程度高，缺点就是外推时井间的速度不易控制，很难反映储层速度的快速变化。按照这种方式进行的叠后反演，其结果受井上速度的影响很大，很难反映砂砾岩体在基岩附近快速堆积，且推进距离不远的特点。

而叠前反演时利用的叠前偏移道集资料，提供了非常精细的速度场模型，因此，针对砂砾岩体的储层特点，提出了叠加速度场约束下的井控建模的新技术。主要是利用叠加速度场约束沉积背景趋势，并在实际井点处提取伪井，用伪井速度与实际井的速度进行相关分析，来对叠加速度场进行校正。这种建模方式既能够利用叠加速度场控制宏观的沉积背景趋势，又保证了模型的分辨率及其与井的吻合程度。

通过叠前与叠后分别利用这两种建模方式（图 5-33）得到的不同的反演结果来看，反演结果受模型的影响很大，叠前反演的分辨率与沉积规律的符合程度更高，反映了砂砾岩体的展布形态及内部结构，并且还得到了反映储层物性、含油气的弹性参数。

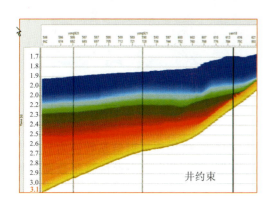 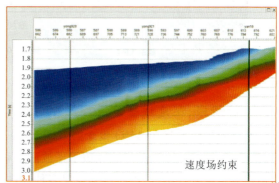

图 5-33　叠前、叠后不同建模方式效果对比

5) AVO 属性分析

由于 AVO/AVA 属性是一种层界面反射属性,一般是上覆盖层与油气储层的界面反射特征,不像测井曲线或者反演的声阻抗数据,描述的是岩层的性质。因此储层厚度、目的层反射的频带宽度及层位拾取的精细程度等因素,都会影响叠前属性储层描述的效果。

根据岩石物理与地震波传播原理,横波在岩石中的传播基本不受储层流体的影响,因此横波反射率能更好地描述储层平面分布。叠前截距属性类似于叠后剖面,但理论上更接近于零偏移距反射数据,但会受流体等因素影响比较大。

通过 AVO 处理后的属性剖面(图 5-34)表明,在油层处 P 波剖面表现为强正异常,梯度剖面 G 和碳氢检测 P * G 剖面均表现为强负异常,这进一步表明了工区储层为 I 类 AVO 异常的高阻抗砂岩的储层类型,验证了岩石物理分析的结果。同样,在其他 AVO 属性剖面上如泊松比和流体因子都表现出了 AVO 异常特征,说明利用叠前信息在本工区进行有效储层预测是可行的。但对于砂砾岩体的 I 类 AVO 储层来说,因含流体后其速度与围岩的差异减小,振幅随偏移距增大而减小,且 AVO 属性只利用了道集数据,未加入井的约束,因此,单纯利用 AVO 属性来预测岩性及速度变化均较快的砂砾岩体有效储层是有一定难度的。而在 AVO 属性的平面图上叠前属性只能定性预测流体砂岩的大概位置,大致描述储层的展布范围,预测精度偏低,所以必须进行叠前反演,利用井数据的约束,来对有效储层进行更精确的定量描述。

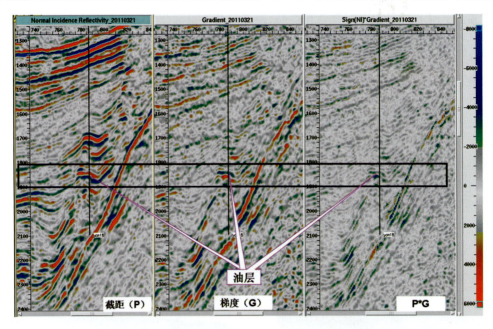

图 5-34 过盐 18 井截距、梯度、碳氢检测属性剖面

3. 时间域、深度域叠前反演

叠前弹性阻抗是在 AVO 概念的基础上,融入了反演技术,将界面反射信息转换为岩层信息,消除了子波影响,比较好地克服了子波随偏移距的变化,可以看作近中远偏移距数据分别反演得到角度弹性阻抗,进而得到地层多种弹性参数。

1) 基础资料分析与处理

在反演处理之前,对研究区的地震资料及井资料进行品质分析,有利于对反演精度有一个客观的评价,并为针对性的处理提供目标,提供处理的方法和内容。

(1)地震资料分析。

重点对地震资料的分辨率、信噪比、振幅能量、优势频带、波组特征、断点、断面是否清晰、高陡构造的成像、偏移划弧和干扰波现象等多方面进行评价,研究解决实际地质问题的能力,包括纵向分辨力与横向分辨力、构造描述精度、断裂(断层)识别能力、储层识别描述等。

本次反演所用的地震资料是基于盐18古冲沟三维叠前深度成像处理得到的时间域、深度域道集所生成的分角度叠加数据。地震资料面元 25×50,采样率 $2ms$,面积 $40km^2$。分角度叠加数据基本反映了砂砾岩体储层的分布,分辨率和信噪比都较高,而不同分角度叠加剖面的能量变化有效反映了储层的含油气性。通过频谱扫描分析(图 5-35),该资料的频率相对较低,浅层的优势频带在 $9\sim40Hz$,中层的优势频带在 $8\sim30Hz$,而深层的在 $6\sim23Hz$。总体来说,地震资料的频带稍窄,主频不高,反演中要采取有针对性的处理技术,以满足需要。

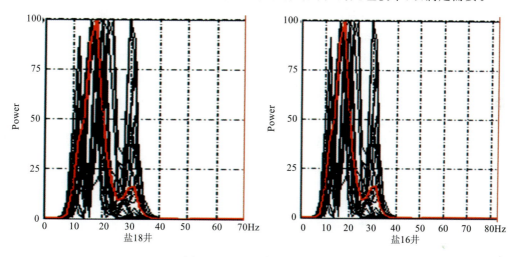

图 5-35 地震资料频谱分析

(2)测井资料分析。

①测井资料收集整理。测井资料是多井地震约束反演的基础资料,其质量直接影响储层横向预测结果的准确性。但在实际测井中,往往由于井眼跨塌、泥浆浸泡等环境因素以及测井仪器、测井时间等随机因素给测井资料带来混合特殊误差,甚至造成曲线畸变,不能较好地反映地层的实际情况,所以在反演前,必须进行测井资料的曲线编辑和标准化处理。

本次反演共收集了46口井的资料,包括测井数据、综合录井图、地质分层、钻井分层、试油、试采数据等。工区内大部分井无横波测井曲线及孔渗饱曲线。但是利用岩石物理分析方法进行了横波速度计算后,这些井的目的层段都具备了横波速度等曲线,因此这些井都参与了叠前反演。针对工区内的测井地层评价主要依靠自然伽马、声波时差、密度、R25电阻率四条曲线,相应地,测井资料整理、归一化处理也以这四条曲线为重点。另外,工区内的永920、盐222等多口井的测井曲线多为多次测量,因而需要逐井逐曲线进行拼接,这些都加大了对测井曲线整理和分析的工作量和难度。

②单井测井曲线质量检查与校正。先进行测井曲线本身质量检查,一方面通过曲线图、直方图等方法检查曲线值是否合理,有无异常值,并查明原因。另一方面,通过伽马-电阻率-密度、伽马-电阻率-井径等交会图检查岩性、物性和电性曲线的对应关系是否合理。经检查,工

区内测井曲线的自身质量良好。

单井的可重复性检查主要是检查用不同方法测得的同一测井参数的曲线间的一致性(如偶极子声波与补偿声波曲线之间的一致性,岩性密度与补偿密度之间的一致性等),以及重复测量井段的不同次测量间的一致性等,目的是用于判断所测曲线的可靠性,以及在重复井段进行曲线拼接时对曲线段进行合理选择与取舍。主要手段:曲线重叠显示、交会图显示等。通过对工区内对同一测井项目重复测量的现象,将重复测量的井段进行镜像重叠显示,可见其对应性基本良好。

③曲线编辑及平滑滤波处理。包括对声波时差曲线进行滤波、局部幅度编辑。有时,由于某种原因使某些测井曲线上会出现许多与地层性质无关的毛刺干扰。如声波测井中,由于声波探头与井壁的随机碰撞干扰,或在缝洞空隙和裂缝发育的地层中声波经过多次反射、折射,使测出的声波曲线上出现许多毛刺干扰。显然,用这些具有统计起伏或毛刺干扰的测井曲线做数字处理,会给计算的地质参数带来很大的误差。必须设法把这些与地层性质无关的统计起伏和毛刺干扰滤掉,只保留曲线上反映地层特性的有用成分。

不难看出,带有统计起伏与毛刺干扰的测井曲线具有两种成分:短周期的干扰信号,它具有随机性质,与地层性质无关;较长周期的有用信号,它是反映地层性质的趋势成分。我们的目的是要有效地抑制或消除这些毛刺干扰,同时又能很好地保持和分离出代表地层性质的有用信号。为此,可采用滑动平均数字滤波法来实现这个要求。这种方法就是在当前采样点前、后分别连续地取 m 个采样点数据,选用适当的滑动平均法,用 $(2m+1)$ 个采样点值(包括当前采样点值在内),依次地计算出全部采样点的滑动平均值,便可消除毛刺干扰,获得一条只反映地层性质的光滑曲线,这种平滑滤波法,实质上就是对有干扰的曲线进行低通滤波,根据测井曲线上的毛刺干扰情况,可采用最小二乘滑动平均法和加权滑动平均法。

本区参与反演的 46 口井的声波曲线在做合成记录之前,均做了 7 点平滑滤波处理(图 5-36)。

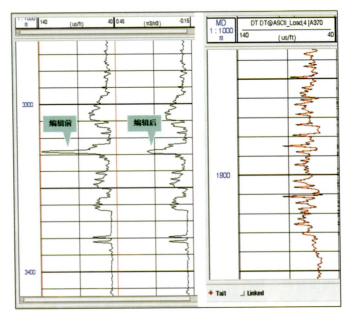

图 5-36 曲线编辑及平滑处理

④测井资料标准化处理。测井曲线经过环境校正和曲线编辑后,测井读数仍然存在一定的误差,这种误差主要是由仪器刻度不一,仪器不正常的工作与操作,使用不同测井公司的仪器以及环境校正不完善等因素引起的。由于这些误差的存在,可能导致不同井在标准层上的测井读数差别较大,而这种误差造成的声波测井曲线数据幅度误差,直接导致井间低频分量的横向内插外推误差,使得原来井间岩性没有横向变化,却可能推出岩性有横向变化,产生解释与反演的陷阱。所以必须使用标准化后的声波测井资料构建低频分量。

对本次反演所用46口井测井资料(主要是声波曲线)进行统计分析之后,我们发现在测井资料录取时,由于所选择的测井仪器型号、测井时间及井身结构和井眼泥浆性质等的不同,使得相同层段、相同岩性的地层在不同井中录取时的测井响应值有所不同,井间曲线数据的标准刻度不一致,造成了部分井响应值的整体偏大或偏小。为了解决这一问题,通过测井、地质等资料的分析,选择在全区分布比较稳定,测井响应有一致的规律性,我们选择该套为标准化处理的标志层段,对所选用的46口井进行统计,平均值作为该段泥岩的标准时差值,利用直方图校正的方法。首先确定出所有井声波时差在标志层段的该层段的平均分布直方图曲线,再将单井声波直方图与相应的平均总趋势直方图重叠后,移动单井直方图,使单井直方图的分布曲线与总平均趋势曲线基本重合,读出两者的差值。这个差值即为校正值,并将它加到原来的测井数据中去,便得出标准化后的测井值。即完成了井间测井资料的标准化处理(图5-37)。

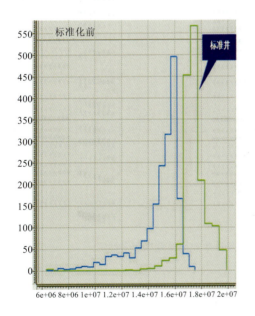 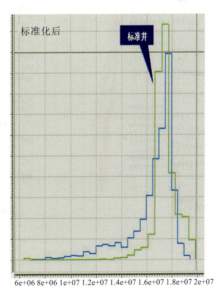

图5-37 声波曲线标准化前后对比图

2)时间域叠前反演

利用叠前弹性反演得出储层的弹性参数并进一步的对储层中的岩性和流体性质作出判断,就可以为本区的油藏开发提供重要的指导和帮助。将叠前部分角度叠加地震数据(分3个角度范围:5°~15°,15°~25°,25°~35°)和测井纵横波信息有效结合起来,得到不同角度范围的弹性阻抗反演成果,然后根据弹性参数计算方法,即可得到合适的纵横波阻抗、密度、纵横波速度比等多种表征岩性和流体特征的地层参数。

(1) 分角度标定。

为了取得用于反演约束的测井信息,要通过合成记录标定方法对测井资料进行地震地质标定。为了保证叠前反演资料的信噪比,通常情况下会将叠前道集分一定角度范围进行部分角度叠加,得到多个角度数据体进行反演可以较好地削弱噪音对反演的影响。因此,必须对分角度叠加的数据体进行相应的标定,同时估算合适的子波。在实际反演过程中,针对波形、振幅、频率等具体变化情况,对它们分别进行标定,以得到各自的最佳匹配结果。

采用与叠后标定相同的时间深度关系进行标定是一个明智的选择,将叠后标定得到的标定子波对应不同的叠前部分角度叠加数据进行一定的能量比例化,然后用于相应资料的标定会得到一个相对稳定的子波和标定效果。

图 5-38 是永 920 井分角度井震标定和子波提取的结果,可看到实际地震数据和合成地震记录波组关系、相对振幅强弱关系对应很好,且随入射角增大,子波主频变低。通过多井标定得到的近、中、远不同角度叠加数据的综合子波来看(图 5-39),由近到远子波主频降低,振幅减小。

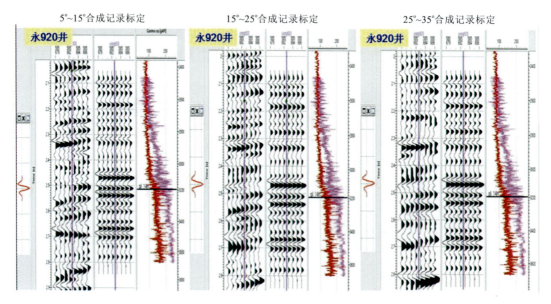

图 5-38 永 920 井时间域分角度叠加剖面合成记录标定

(2) 参数选取。

决定反演结果好坏的参数很多,在这些反演参数中,可以一次选取一个或多个参数进行测试,测试结果以图形的形式显示出来。这些显示图又主要包括以下几项质控参数。

① 信噪比:图上的曲线分别代表了反演的不同角度叠加数据的信噪比。

② 井曲线相关:曲线表示高切曲线与每一个反演的三弹性参数(P 波阻抗、S 波阻抗及密度)道间的相关性,相关值应尽可能接近 1。

③ 反演参数归一化互相关:曲线表示反演的弹性参数减去与其对应的井上的参数,其值应该接近 0。

④ 测井归一化标准偏差:曲线表示反演的道与井上三弹性参数之间的标准偏差,指示了反演参数与井上数据的动态对比,其值接近 1。

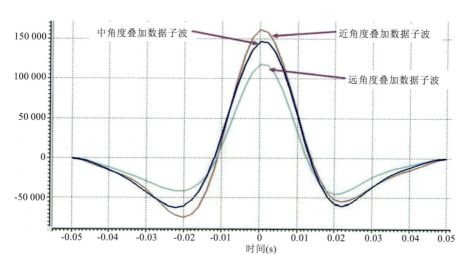

图 5-39 时间域多井分角度标定的综合子波

⑤稀疏性:曲线代表了反演的三参数与井上三弹性参数对比的稀疏性,其值越小越好。

⑥组合失配:曲线值表示了以上几部分图形的组合值,其值趋向于 0。给定不同的权将与其相应的 qc 值对应。在这些质控参数中,最重要的参数是信噪比,井曲线相关及测井归一化标准偏差。由于大多数参数在反演过程中相互影响,所以必须对这些参数做全面的测试,分析其对反演结果的影响,综合选定合适的反演参数,以得到比较准确的反演结果。

(3)效果分析。

叠前反演得到的纵、横波速度及密度成果,从不同侧面反映了岩性及流体特征,针对目的层段的油层岩石物理参数,我们开展了纵横波速度比分析和纵、横波速度联合解释的方法,对目的层段油层分布特征进行了描述。

通过对叠前反演得到的 3 个数据体和其他物性参数数据体的分析,发现本区泊松比、纵横波速度比等数据体能够较好地反映储层,其中泊松比的效果是最好的,基本反映了有效储层的展布规律。从过永 920 及盐 182 井的泊松比剖面上分析(图 5-40),油层呈现明显的低泊松比特征,其余过井泊松比剖面上也表现出了相似的特征。说明弹性反演的结果与实钻井的结果是吻合的,能够反映工区岩性和物性的变化。

3)深度域叠前反演

(1)可行性分析。

砂砾岩储层速度变化快,非均质性强,因此,对砂砾岩体储层的精细描述存在困难。而相比于叠前时间偏移处理,叠前深度偏移在构造、岩性等地质条件较复杂的地区的应用更有优势,更能准确地反映实际的地质现象。从工区内叠前深度偏移道集与时间偏移域道集比较可知,叠前深度偏移道集在此地区的应用有如下优势:砂砾岩体边界特征更清晰;砂砾岩体内部结构特征更清晰,可分辨能力提高;由于速度的横向变化,时间偏移数据与深度偏移数据在结构形态上不一致,与时间域道集相比,叠前深度偏移域剖面砂砾岩体成像特征和形态更准确;相比于时间域道集,深度域道集信噪比及分辨率更高(图 5-41);可得到更精细的速度模型。而从基于叠前深度偏移道集进行的关键井的 AVO 正演模型来看,目的层振幅随偏移距增大而减小,且在道集上具备Ⅰ类 AVO 的特征。

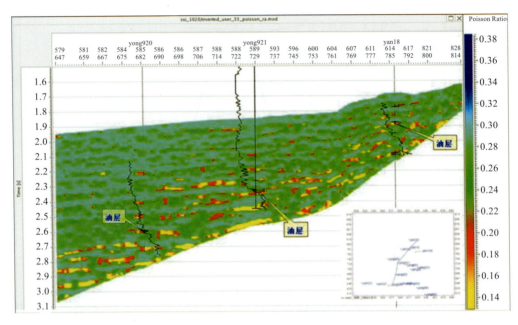

图5-40 过永920井、永921井、盐18井时间域叠前反演泊松比剖面

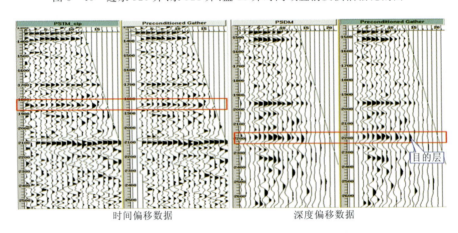

图5-41 叠前时间偏移道集与叠前深度偏移道集剖面对比

目前叠前反演都是基于时间域来进行的,深度域反演较少有人涉及,这主要是因为深度域子波的物理意义很难解决。但从时间域和深度域道集的关系来看,一方面,深度域道集是可以通过速度场转化到时间域的;另一方面,深度域的子波虽然失去了其代表的物理意义,但没失去其数学意义。从地震道的数学模型表达式来看,它是子波与反射系数的褶积,如果忽略掉子波所代表的物理意义,那么深度域的波阻抗界面也可以看成是反射系数与深度域数学子波的褶积。因此若不考虑物理意义,只从地震道曲线的数学表达来看,其子波的数学意义是存在的,是可以通过统计方式从地震道曲线上得到与时间域子波相当的子波的。因此,叠前深度域的反演是可行的。

从深度域叠前反演的实现方式来看,其与时间域反演基本是一致的,只是在进行合成记录标定时对分角度叠加数据进行域转换,得到时间域的地震子波后,按时间域反演的流程进行深度域的弹性反演即可。最终得到了纵波阻抗、横波阻抗、密度、泊松比、v_p/v_s 等弹性参数,以此分析储层的物性和含油气性。

(2)分角度标定及子波提取。

深度域叠前反演的分角度标定与时间域类似,不同的是,在深度域叠前反演中其地震与测井曲线都属于深度域,因此合成记录标定时只需将测井曲线与地震按1:1的比例相对应,无需时深关系的标定。另外,因测井曲线采样率0.125m,而深度域地震的采样率为5m,所以要对地震数据进行重采样,否则提取的子波易方波化。图5-42是永921井分角度井震标定和子波提取的结果,可看到实际地震数据和合成地震记录波组关系、相对振幅强弱关系对应很好,且随入射角增大,子波主频变低。

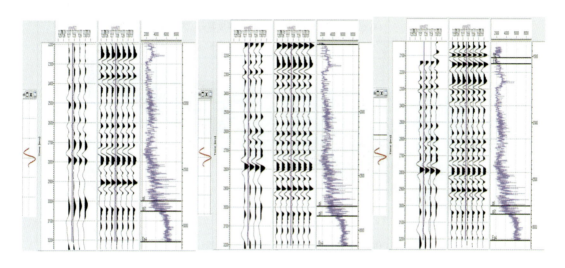

图5-42 永921井深度域分角度合成记录标定

(3)应用效果分析。

从深度域反演得到的泊松比和 v_p/v_s 等弹性参数的效果来看,其反演结果较好地反映了砂砾岩体的展布形态和内部结构特征,通过对关键井上的统计分析可知,反演结果与井上的吻合程度也较好,如盐18、永920等井发育的油层在泊松比剖面和 v_p/v_s 剖面上都表现为明显的低值。而从其与时间域的反演结果对比来看(图5-43),二者的反演结果基本一致,只是因速度的影响,地层产状发生了变化;但比较而言,深度域反演结果分辨率和与沉积现象的吻合程度更高,更能可靠地揭示砂砾岩体有效储层的发育规律。因此,虽然深度域的叠前反演在理论还未被证实,但从反演的效果上来看,深度域叠前反演是可行的。

第四节 多信息融合的有效储层预测方法

一、有效储层的厘定

经过多年的勘探,目前对砂砾岩体的沉积特点、储层空间展布特征、成藏类型等已有一定的了解。但是陡坡带砂砾岩扇体是多期叠置、快速堆积的沉积体系,因而具有非均质性强、层

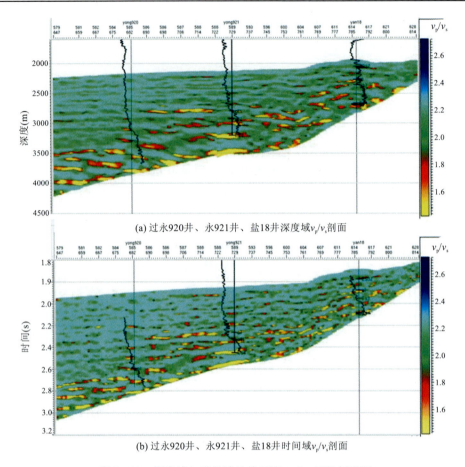

(a) 过永920井、永921井、盐18井深度域v_p/v_s剖面

(b) 过永920井、永921井、盐18井时间域v_p/v_s剖面

图 5-43 深度域与时间域叠前反演 v_p/v_s 属性剖面图

物性变化快的特点,这给勘探开发带来了很大的难度。为了进一步推进砂砾岩体的勘探,进行储层物性的研究预测是当前面临的主要问题之一。一般来讲,储层物性主要包括储层孔隙度和储层渗透率两方面的内容。储层孔隙度在地震上有直接、敏感的特征响应。对于碎屑沉积物而言,孔隙度大小实际上也反映了渗透率的大小,因而基于地震的储层物性预测实则是储层孔隙度预测。

砂砾岩体储层孔隙度预测中涉及了有效储层的概念,本书有效储层定义为孔隙度大于一定程度并具有油气储集能力的储层。受烃源排替压力的影响,有效储层是一个相对的概念,它的孔隙度极限可从测井解释为油气层、油水同层或试油、试采见油气显示的层段中统计获得。

1. "四性"关系研究

岩性不同的储层,电性特征也不相同,测井信息间接地反映了储层的岩性、物性、电性及含油性。在每项测井信息用于地质解释时,必须弄清测量信息与地质现象之间的关系,只有这样才能反过来正确指导解释。通过测井资料的综合分析,以及与取芯资料的对比,研究探讨该区砂砾岩体储层的岩性、物性、电性及含油性之间的相互关系,主要的制约因素及在测井信息上不同的响应特征。

对储层岩性进行准确划分和识别,研究其与物性、电性、含油性间的关系,是进行储层精细评价的关键。根据盐家油田砂砾岩体永 920、永 921－斜 40、永 924、永 922、盐 22、盐 22－斜 1、盐 22－22、盐 182 等井的资料,进行了"四性"关系研究及储层的分类评价。

盐家油田砂砾岩体的沙三段、沙四段浅层与沙四段中深层"四性"关系差别较大,现分别描述。

1)沙三段、沙四段上部

根据岩屑录井、井壁取芯及测井资料的分析,该区砂砾岩体岩性复杂,主要有含砾砂岩、砾状砂岩、砂岩、粉砂岩和砾岩等,物性变化大,岩石颗粒分选、磨圆度都较差,具有低成分成熟度特征,非均质性强,以泥质胶结为主。

储层物性与岩性密切相关,颗粒分选好,基质物较少的储层物性好,岩芯分析孔隙度分布在 10%～28%之间,主要分布区间为 15%～28%之间;渗透率分布在$(1\sim 6600)\times 10^{-3}\mu m^2$,主要分布区间为$(10\sim 5000)\times 10^{-3}\mu m^2$。

该区沙三段、沙四段浅层油质变化较大,原油密度 0.86～0.998 g/cm³,黏度 5.09～9 873mPa·s。沙三段钻井取芯含油级别较高,根据试油资料,油层取芯含油级别下限为油斑级别。

微电极正差异,自然伽马高值,自然电位负异常,双侧向电阻率有低侵或无侵入特征。电性受储层岩性、物性、含油性制约,岩性不同油水层电性识别标准差别较大,粗岩性的砂砾岩油层电阻率高于细岩性,细岩性的储层要求的出油电阻率下限明显低于粗岩性的砾岩,粒径粗的砂砾岩储层出油电阻率数值要求较高。

2)沙四段中下部

在这一层段,砂砾岩体物性变化大,岩石颗粒分选、磨圆度都较差,岩性有含砾砂岩、砾状砂岩、砂岩、粉砂岩和砾岩等,沙四段比沙三段具有更高的结构成熟度。泥质和灰质含量较高,胶结方式主要有泥质胶结、灰质胶结。

由于储层埋藏深、结构成熟度较高,物性总体偏差,岩芯分析孔隙度主要分布 2%～16%之间,平均为 8.9%;渗透率分布在$(0.1\sim 400)\times 10^{-3}\mu m^2$,主要分布区间为$(0.1\sim 14)\times 10^{-3}\mu m^2$,深度大于 3 000m,孔隙度一般小于 12%,渗透率小于$10\times 10^{-3}\mu m^2$。通过对岩芯实验、试油、核磁共振测井,确定了物性的下限值:孔隙度界限为 5%,渗透率界限为$0.5\times 10^{-3}\mu m^2$。

该区沙四段的油质好于沙三段,原油密度为 0.83～0.88g/cm³,黏度为 3.07～19.4mPa·s。沙四段钻井取芯含油级别较低,含油分布不均,根据试油资料,油层取芯含油级别下限为油迹级别。

微电极正差异,自然伽马高值,自然电位负异常,双侧向电阻率有低侵或无侵入特征。由于储层受储层物性和地层水矿化度升高双因素的影响,油层电阻率可高于也可能低于沙三段油层。

2. 测井解释模式

砂砾体储层有别于其他的储层类型,经过对 84 口井的砂砾体油藏试油,录井和测井资料分析,总结有以下几种主要的测井特征类型。

1)含砾砂岩(含砂砾岩)油层

储集层物性好,是深层砂砾体主要的储集层,在浊积岩、扇三角洲和水下扇扇中、扇缘亚相中,自然电位曲线呈明显的负异常,在水下扇扇根沉积中,含砾砂岩与砾岩一起沉积叠置成巨厚储层,自然电位异常不明显;微电极曲线数值较低或中等,正差异明显;侧向电阻率与孔隙度对应性良好,电阻率值随着孔隙度减少而增加,电阻率侵入特征为低侵或无侵,核磁共振 T2 谱有长组分,差谱见较多油气信号。如永 920 井 3 361～3 365m 井段,三孔隙度测井基本重合,深侧向电阻率高达 40Ω·m,并且深侧向电阻率明显高于浅侧向电阻率。

2) 砂岩油层

储集层物性较好,测井特征类似含砾砂岩油层,与含砾砂岩油层相比,砂岩油层分选好,岩性细,毛管束缚水增加,电阻率低于含砾砂岩油层。

3) 砾岩油层

致密砾岩因岩性致密,储层物性差,一般为干层;但砾岩具有一定的孔隙或裂缝存在时,可成为良好储层,如永 920 井 3 540～3 548m 井段,油层电阻率高于同等含油级别的含砾砂岩,侧向电阻率与孔隙度对应良好。

4) 泥质砂岩(或泥质含砾砂岩)油层

油层因含泥质增加,电阻率降低,在泥岩夹层厚度达到一定值时,中子、声波孔隙度增大而密度孔隙度变化很小。在杂基支撑、无内部结构的砾岩中,成分复杂,泥质含量增加,使砾岩油层的电阻率减小。由于泥质含量的增加,油层电阻率降低,容易引起测井解释人员误判。如永 921-斜 7 井 2 875～2 885m 井段有多处为泥质砂砾岩,中子、声波孔隙度增大,电阻率相应减小,投产结果是日产油 17.9t,含水 2%。

5) 油水同层

砂砾体储层的油水同层的电性特征与其他类型储层有所区别,砂砾储层的油水同层有两种类型:一是物性特征与油层基本一致,但电阻率值稍低于油层,电阻率曲线有下滑趋势;二是多层油水同层叠加在一起,形成复杂的油水过渡带,如盐 18-6 井。

6) 含油水层和水层

自然电位曲线显负异常,电性侵入特征为高侵,水层在区域上明显的低阻特征,录井没有显示,电阻率受岩性物性影响较明显。

7) 干层

泥质含量重:微电极低值,正负差异不定,呈锯齿状,自然电位幅度小,声波时差数值增大,电阻率数值随泥质成分不同而不同。中子、声波孔隙度增大。

致密砾岩层:微电极呈高值无差异或负差异,自然电位小,声波、中子和密度孔隙度数值小,电阻率高值。

3. 电性标准

砂砾岩体储层非均质性强、物性变化大,油水层测井电阻率差别较小。研究发现:油层测井电阻率主要受 3 方面因素影响,即岩性、物性和地层水矿化度。从永 920 井研究发现,其岩性与含油性有着密切的关系。首先,岩性决定着物性,砂岩、含砾砂岩、砾状砂岩、砾岩物性依次变差,储层的含油性与物性密切相关,从本地区取芯资料看,含油层段含油极不均,物性好则含油性好,物性差则含油性差,致密岩性基本不含油。不同岩性的油层,其测井特征差异较大,针对不同岩性的油层制作了交会图。交会图显示砂岩、含砾砂岩和含砂砾岩可以利用常规测井资料识别出流体性质,砾岩油水层混合在一起,几乎不能识别,需要综合常规测井资料、核磁共振测井以及录井、气测等第一性资料识别流体性质。

根据试油、测井资料分析,不同的岩性、物性和地层水的矿化度,油层表现不同的电阻率,我们就这个地区的地质特点,分区块分层位分别建立电性标准类型(岩性为砂岩、含砾砂岩、砾状砂岩),即永921区块S3、S4浅层电性标准、永921区块S4深层电性标准、盐22区块的电性标准和盐16区块的电性标准。

4. 有效储层下限确定

从以上关系分析可以发现不同的区块,油层电性、物性变化较大,这也反映了砂砾岩体的非均质极强,相带变化快的特点。根据统计,东营凹陷不同层段砂砾岩体有效储层的孔隙度极限不同,可分为沙三、沙四上和盐下3个层段。沙三段有效储层的孔隙度极限是8%,沙四上为5%,沙四下(相当于盐下段,深度>4 200m)以深层裂解气层为主,孔隙度极限是3%(图5-44)。

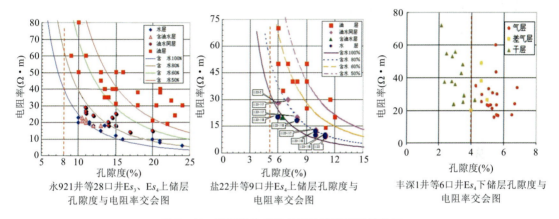

图5-44 砂砾岩体有效储层孔隙度下限统计图

二、有效储层的响应特征

岩石物理特征:通过岩芯测试,明确了东营北带地球物理参数与岩性的关系、地球物理参数与储层含油气关系等。孔隙度与泊松比、密度、v_p/v_s存在近似的线性关系(图5-45)。

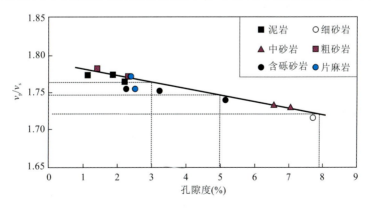

图5-45 岩石样品v_p/v_s与孔隙度关系图

测井响应特征:从测井资料分析,地球物理特征参数与岩性之间有很好的对应关系,v_p、v_s空间岩性分类非常清楚,岩石的含油气性与孔隙度关系密切。

地震响应特征:在每一期次横向上,层间能量类、频率类、弧长等属性与砂砾岩体沉积特征相关性比较好，带宽、比率、总振幅、瞬时相位相关性比较差。在多期叠置情况下，强度总和、瞬时频率、弧长、总振幅等属性与砂砾岩体沉积特征相关性比较好；带宽、比率、瞬时相位等属性相关性比较差。

叠前 AVO 特征：测井资料 AVO 正演结果表明，砂砾岩体 AVO 特征为随着偏移距增大，正振幅减小，为典型的 I 类 AVO 特征响应。

三、属性融合的思路和算法

1. 技术思路

属性融合就是在一定的地质规律指导下，综合考虑地球物理意义，选取能够表征不同储层特征的敏感属性，将多种属性进行数学运算变换，同时考虑每一种属性对储层的影响因素，放大其优势特征，结合这些影响因素，最终实现属性融合，得到最优化的结果（图 5-46）。在砂砾岩体勘探中，从资料应用的角度可以分为叠前和叠后两大类属性预测方法。这些属性反应了地下地质条件，但每一种属性只针对某些地质特征敏感，因此利用单属性来预测有效储层，在精度以及多解性的问题上，存在着不足。基于以上认识，本次研究利用实钻井约束，尝试进行多属性体的融合，取长补短，提高砂砾岩体储层的预测精度，降低预测结果的多解性。

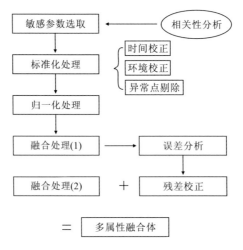

图 5-46 属性融合技术流程

2. 属性融合的算法

多属性融合技术主要包括属性选取和系数确定两个关键部分。通过前期的正演模拟分析表明，振幅、相位以及叠前的岩石物理参数都与储层有一定的相关性。通过相关性分析，选取不同的属性，进行归一化处理，以井点为中心，拾取井点附近固定范围内的地震属性值（通常以 25m 为一个单位长度），将这些值加权平均后得到该井位的加权属性值。计算公式如下：

$$\bar{V} = \frac{1}{(2r+1)^2} \sum_{i=1-r}^{r-1} V_{x+i, y+i}$$

式中：r 为取值半径；$V_{x,y}$ 为井点处属性值。

同时求出参与融合的每一口井每一种属性的加权属性值。如：对于属性1，所有井的加权

属性值门槛值 $\bar{\bar{V}}$ 计算如下：

$$\bar{\bar{V}} = \frac{1}{m} \sum_{i=1}^{m} \bar{V}_i$$

以这一门槛值为标准，作为储层(有利储层)与非储层的分水岭。目前大多使用加权平均法，该方法较为简单适用。利用同样的方法，继续求取参与属性融合的其他敏感属性的门槛值。

通常计算出来的门槛值 $\bar{\bar{V}}$ 与井点的加权属性值 $\bar{V}_i$ 都会存在一定的误差，这种误差对于属性融合的结果会有比较大的影响，这就需要对误差进行校正。通过对每一口井的每种属性进行误差分析，统计其误差，利用多元回归的方法，对 $\bar{\bar{V}}$ 和 $\bar{V}_i$ 进行拟合，确定最佳加权系数，把误差最小化。在确定加权系数后，利用该系数即可与选择归一化的属性数据进行属性融合，融合公式为

$$R_{i,j} = \sum_{i=1,j=1}^{n} k_x A_{x,i,j}$$

式中：k_x 为第 x 个属性的融合系数；$A_{x,i,j}$ 为第 x 个属性第 i 线号第 j 个 CDP 点的选择归一化属性值。

四、基于属性融合的砂砾岩体有效储层描述方法

1. 基于叠后属性的有效储层预测

由于砂砾岩扇体不同亚相速度存在较大差异，因此，从扇根到扇端反射波能量往往呈现逐渐变弱的趋势，这种特征为利用叠后地震属性预测砂砾岩体提供了理论支持。多元逐步回归法是利用井点上储层参数观测数据与井旁道地震属性参数，通过回归分析建立储层参数与多个地震属性参数之间的线性关系。根据地震属性相关性和物理意义分析，确定强度总和、负振幅总和、零点相位数是最优地震属性组合；通过地震属性参数与储层孔隙度离散数据的趋势性分析，识别和去除奇异值的影响，提高数据间的相关性，进一步提高储层孔隙度预测精度。

在确定地震属性最优组合并剔除异常值提高相关性之后，利用多元回归方程来求取砂砾岩体的物性参数。如第 5 期次砂砾岩体储层孔隙度(Φ)的多元回归方程为

$$\Phi = -7.02295 + (7.84052 \times 10^{-5})x_1 + (8.52491 \times 10^{-5})x_2 + 0.675982x_3$$

式中：x_1 为强度总和；x_2 为负振幅总和；x_3 为零相位数。

2. 基于叠前属性的有效储层预测

叠前地震反演与叠后地震反演相比，具有良好的保真性和多信息性，能更可靠地揭示地下储层的展布情况和孔、渗物性及含油气性。根据岩石物理特征分析，孔隙度、v_p/v_s(纵、横波速度比)都是表征储层物性和含油气性较好的参数，两者之间具备一定的相关关系。根据砂砾岩体储层含流体之后表现出的低 v_p/v_s、高阻抗、高孔隙度的特征，进行了多井的 v_p/v_s 与孔隙度曲线的交会，并在储层段对两者之间的关系进行了拟合，得到了储层段中 v_p/v_s 与孔隙度(Φ)之间的相关关系式：

$$\Phi = -1.05627 \times (v_p/v_s)^4 + 2.3701 \times (v_p/v_s)^3 + 5.90954 \times (v_p/v_s)^2$$
$$- 20.049 \times (v_p/v_s) + 14.2634$$

将反演得到的 v_p/v_s 属性根据上述关系式进行拟合，即可得到孔隙度数据体，孔隙度反演的结果与钻井的吻合度相对较高，在一定程度上反映了储层的物性及其含油气性。

3. 基于属性融合的砂砾岩体有效储层描述技术

1）必要性分析

上述的叠前、叠后孔隙度预测都是基于单一的数据体进行的属性优选预测，各自具有自己的优势，也存在一定的不足。以本次研究的第 5 期次砂砾岩体孔隙度预测结果来看，叠后孔隙度预测在整个相带的描述上存在一定的优势，扇端、扇中、扇根 3 个相带孔隙度变化明显。叠前孔隙度预测得到的数据更为精细，细节刻画更明显，精度更高。但是，单纯的叠前、叠后储层孔隙度预测都存在着一定不足。叠后孔隙度预测虽然相带展布规律较明显，但是细节刻画不足，精度相对较低；叠前孔隙度预测精度较高，细节刻画明显，但由于预测过程中主要由数据驱动，在相带展布规律的表现上略有欠缺。

2）属性体的选择

由于涉及到叠前和叠后的不同属性，其物理意义以及对有效储层的表征都不尽相同。因此，必须优选相关系数高、对有效储层表征明确的属性体来进行融合。通过前期的正演模拟以及叠前叠后属性的分析，选取了能对有效储层进行表征的瞬时振幅体、瞬时相位以及叠前孔隙度体进行融合。

通过实际的融合效果来看，振幅类属性体在储层大的展布规律上具有较大的优势，可以展示储层的沉积相带，缺点在于对有效储层的刻画不够精细；相位类属性在岩性的边界以及流体引起的变化比较敏感，而对于有效储层内部特征的展示则相对较弱；叠前孔隙度体在有效储层的刻画精度上有着叠后属性难以比拟的优势，但是由于叠前孔隙度体偏重孔隙度的预测，刻画过于精细，因此，在沉积相带上的表现相对较弱，无法表示宏观的展布规律。通过以上 3 种属性体的融合，可以互相弥补劣势，发挥优势，既可以表示储层的宏观展布，又可以区分岩性的变化带，同时对于有效储层的内部也可以进行精细刻画。

3）属性融合及储层预测效果

叠前叠后属性融合孔隙度预测主要是利用叠前、叠后孔隙度预测各自的优势，通过分析相关性确定权重，利用多元回归的方法进行融合。该技术的关键在于属性的优选及权重的确定，以及融合方程的选择。

叠前叠后属性融合的一个重要前提是两种方法预测的结果在预测精度上都比较高，相对误差都在 10% 以内，这保证了数据融合结果的准确性。利用交会分析，对叠前叠后属性的相关性进行分析，通过与井震资料的结合，优选属性并明确不同属性的相关性，根据相关性的高低确定其权重，通常叠前属性由于精度较高，其占有的权重较大。利用多元回归方程，对优选出的属性进行融合处理。需要强调的是，融合的结果通常都会存在误差，通过地质统计学的方法，分析其误差，利用残差网格的方式，进行变差校正，产生一个新的数据体（图 5-47）。

从叠前叠后属性融合的孔隙度预测结果来看，它兼有了叠前、叠后孔隙度预测的优点，在准确性得到保证的基础上，既显示了物性预测的相带变化特征，又突出了储层物性的细节变化（图 5-48）。通过对关键井的统计分析来看，孔隙度的实际值与预测值吻合程度较好。如 y925 井，经钻测井统计的油层段实际孔隙度值为 16.75%，而预测孔隙度值为 18.04%。经过对多口关键井的实际孔隙度值与预测值得统计结果看，预测精度较高，预测误差均值为 7.94%。

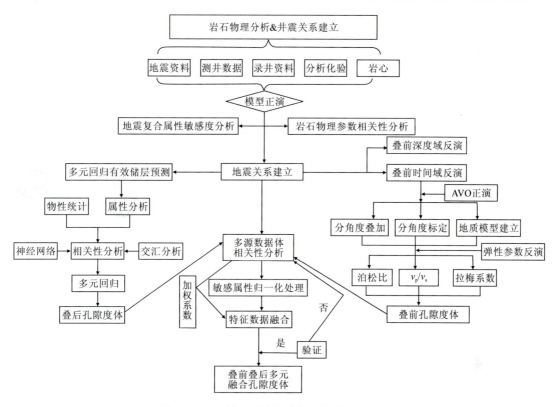

图 5-47 叠前叠后属性融合有效储层预测流程

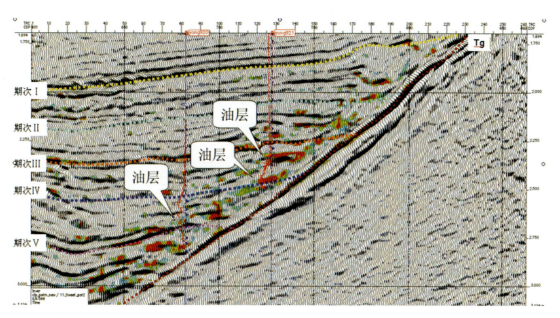

图 5-48 多信息融合剖面

第五节 应用效果分析

一、叠前时间域反演精度分析

叠前时间域反演的结果基本反映了有效储层的发育特征,与实际地质规律是基本吻合的。在井数据的约束下,限定有效储层的孔隙度门限值,对砂砾岩体储层有效储层的发育情况进行逐层系、逐期次的解释。从解释结果与关键井的物性、含油气性对比分析来看,解释结果与井上的砂砾岩体有效储层发育情况是基本一致的。如盐 18 井在 2 221~2 236m 砂砾岩体储层处发育一套 15m 厚的油层,从地震上看属于第Ⅲ期砂砾岩体,埋藏相对较浅,扇根封堵不利,有效储层只在背斜顶部发育,从第Ⅲ期砂砾岩体有效储层平面分布图上也表现出了与地震相似的特征。

二、叠前深度域反演精度分析

从叠前深度域反演在泊松比、v_p/v_s 等弹性参数的属性剖面上来看,反演结果与实际地质现象是十分符合的,且从对储层含油性的描述、对有效储层内部结构的分辨能力和与地质规律的吻合程度上来看,深度域的结果都要优于时间域。从对有效储层平面展布规律的描述来看,尽管在细节的刻画上二者略有不同,但叠前深度域与时间域对有效储层的发育规律、范围及储层的边界特征的描述规律是基本一致的。如永 920 井的储层主要发育在第Ⅹ期的砂砾岩体,从地震剖面及永 920 井的综合录井图来看,该期有效储层由永 920 井向北延伸发育,至永 920 井发育Ⅸ期砂砾岩体储层。预测的有效储层的发育范围、规模及储层的边界特征与地震和钻井结果是十分吻合的。另外,通过对关键井厚度的预测值与实际值的统计对比来看(表 5-7),叠前深度域反演的结果对储层厚度、物性、含油气性的描述精度较高,预测误差均值为 7.53%。如永 921 井钻遇油层厚度 21m,预测厚度 20.5m,预测误差在 2.84%。

表 5-7 深度域叠前反演厚度预测结果统计

井名	深度(m)	试油结论	实际厚度(m)	预测厚度(m)	预测误差(%)
盐 18	2 221~2 236	油层	15	13.6	9.3
*盐 182	2 273~2 286	油层	13	12.2	7.46
永 920	3 196~3 210	油层	14	15.2	8.07
永 921	2 846~2 867.1	油层	21.1	20.5	2.84
*永 924	2 754~2 770	油层	16	17.2	7.63
*永 924	2 906~2 912	油水同层	6	6.56	9.35
永 925	2 520~2 525	油层	5	5.3	6
永 925	2 728~2 740	油层	12	10.8	9.83
盐 227	3 851~3 866	油层	15	14.3	4.7
永 922	2 802~2 852	油层	50	45.5	9
永 922	2 866.6~2 885	油层	18.4	16.8	8.7
误差均值					7.53

注:带"*"的为反演验证井,其余为参与反演的井。

孔隙度反演的结果与地质情况实际是基本一致的,通过对关键井的统计分析来看,孔隙度的实际值与预测值吻合程度较好。如永920井,经钻测井统计的油层段实际孔隙度值为7.48,而经过叠前反演得到的预测孔隙度值为8.13,预测误差为8.69%。经过对多口关键井的实际孔隙度值与预测值得统计结果看(表5-8),预测精度较高,预测误差率在10%之内,误差均值为7.94%。

表5-8 深度域叠前反演物性预测结果统计

井名	深度(m)	试油结论	实际孔隙度(%)	预测孔隙度(%)	预测误差(%)
盐18	2 221~2 236	油层	20.5	18.6	9.27
*盐182	2 273~2 286	油层	18.38	17.03	7.34
永920	3 196~3 210	油层	7.48	8.13	8.69
永921	2 752~2 832	油层	14.2	15.23	7.25
	2 846~2 867.1	油层	11.7	10.61	9.32
*永924	2 754~2 770	油层	11.67	11.22	5.48
	2 906~2 912	油水同层	11.31	12.06	8.5
永925	2 520~2 525	油层	16.75	18.04	7.7
	2 728~2 740	油层	11.36	10.82	4.75
盐227	3 851~3 866	油层	6.847	6.28	8.28
永922	2 802~2 852	油层	11.48	10.16	11.3
	2 866.6~2 885	油层	5.4	5.8	7.41
误差均值					7.94

注:带"*"的为反演验证井,其余为参与反演的井。

三、属性融合孔隙度预测效果分析

单纯的叠前、叠后储层孔隙度预测都存在着一定不足。叠后孔隙度预测虽然相带展布规律较明显,但是细节刻画不足,精度相对较低;叠前孔隙度预测精度较高,细节刻画明显,但由于预测过程中主要由数据驱动,在相带展布规律的表现上略有欠缺。基于以上的原因,本次研究探索性地进行了叠前叠后属性融合孔隙度的一个重要前提是两种方法预测的结果在预测精度上都比较高,相对误差都在10%以内,这保证了数据融合结果的准确性。在该前提下,选择叠前属性预测数据体,如泊松比体、v_p/v_s体等,利用地层切片的方式,得到第5期次不同弹性参数的平面图。同样,选择叠后属性预测体,利用相同的方式获得第5期次相关性较高的优化属性。这样就得到了叠前、叠后的不同属性,在此基础上,利用交会分析,对叠前叠后属性的相关性进行分析,通过与井震资料的结合,优选属性,明确不同属性的相关性,根据相关性的高低确定其权重,通常叠前属性由于精度较高,其占有的权重较大。根据优选的属性,确定了各属性权重之后,利用多元回归方程,对其进行属性融合。融合的结果通常都会存在误差,通过地质统计学的方法,分析其误差,利用残差网格的方式,进行变差校正,得到最终的叠前叠后属性融合孔隙度预测结果。

叠前叠后属性融合孔隙度预测主要是利用叠前、叠后孔隙度预测各自的优势,通过分析相关性确定权重,利用多元回归的方法进行融合。该技术的关键在于属性的优选及权重的确定,以及融合方程的选择。从原理上来说,主要是以地质规律为约束,建立井震关系,通过数学物理变化,对叠前、叠后数据进行融合。从叠前叠后属性融合的孔隙度预测结果来看,它兼有了叠前、叠后孔隙度预测的优点,在准确性得到保证的基础上,既显示了物性预测的相带变化特征,又突出了储层物性的细节变化(图5-49~图5-51)。

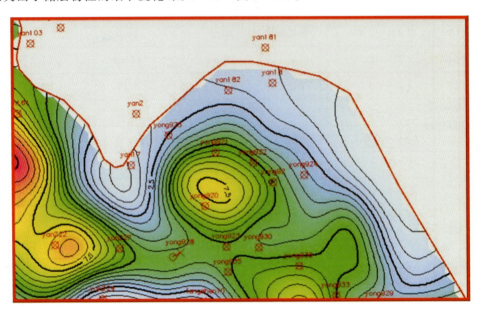

图 5-49 第 5 期次砂砾岩体叠后孔隙度预测

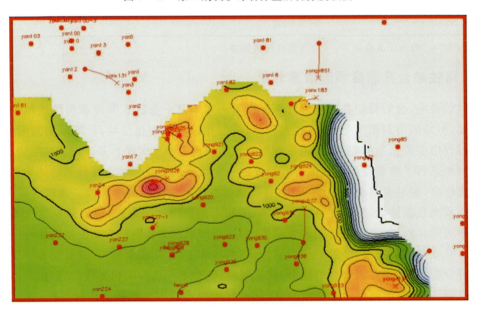

图 5-50 第 5 期次砂砾岩体叠前孔隙度预测图

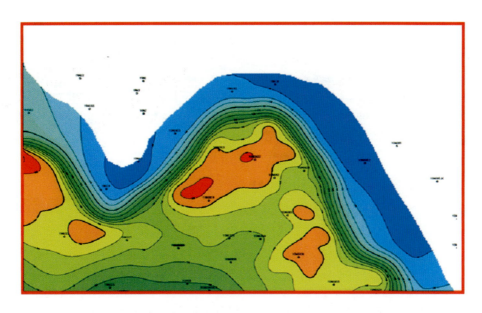

图 5-51　第 5 期次砂砾岩体叠前叠后属性融合孔隙度预测图

四、分期次预测效果

沙三下Ⅰ期次砂砾岩厚度相对较薄，一般 50～150m，砂体延伸距较近；盐 16 古冲沟泥岩夹层多，砂砾岩百分含量相对较低。在盐 4 井区及丰深 1 井—丰深 3 井发育薄层滑塌浊积岩。砂体储层物性好，孔隙度一般为 10%～20%。在波阻抗与电阻率反演平面图上表现为低值背景上的相对高值，电阻率一般为 12～20Ω·m，波阻抗一般为 8 200～9 300。

沙三下Ⅱ期次砂砾岩厚度大，最大厚度 257m，砂砾岩百分含量高，砂砾岩横向南延伸距离远，为 0.7～5.0 km。在丰深 1 井—辛 5 井发育大面积的薄层滑塌浊积岩。储层物性较好，孔隙度一般为 8%～16%。在波阻抗与电阻率反演平面图上表现为低值背景上的相对高值，电阻率一般为 14～21Ω·M，波阻抗一般为 8 500～9 600。

沙三下Ⅲ期次盐 18 古冲沟砂砾岩体厚度大，最大厚度 252m，砂砾岩百分含量高，向南延伸 1.5～3.2km。盐 16 古冲沟砾岩体厚度相对小，近岸水下扇扇端砂砾岩与前缘滑塌浊积岩叠合连片，储层物性较好，孔隙度一般为 6%～10%。电阻率一般为 15～24Ω·m，波阻抗一般为 8 700～9 900。

沙四上Ⅰ期次盐 18 古冲沟砂砾岩厚度大，钻遇最大厚度 204m(永 921 井)；盐 16 古冲沟泥岩夹层多，砂砾岩厚度大相较小，钻遇最大厚度 108m(盐 22 井)；1 砂组砂砾岩横向南延伸 0.7～3.2 km(图 5-52、图 5-53)。在丰深 3 井—丰 8 井发育薄层滑塌浊积岩，储层孔隙度一般为 6%～12%(图 5-54)。在波阻抗与电阻率反演平面图上表现为低值背景上的高值，电阻率一般为 20～32Ω·m，波阻抗一般为 10 000～12 000(图 5-55)。

沙四上Ⅱ期次砂砾岩厚度大，最大厚度 250m，砂砾岩百分含量高，砂砾岩横向南延伸 0.7～3.2 km。储层孔隙度一般为 4%～12%。电阻率一般为 22～34Ω·m，波阻抗一般为 10 750～12 000。

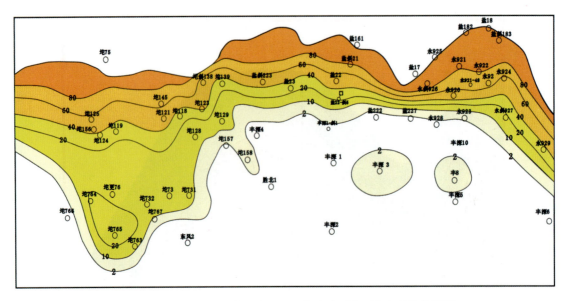

图 5-52　坨 764-风 8 井区沙四上 1 期次砂砾岩百分含量等值线图

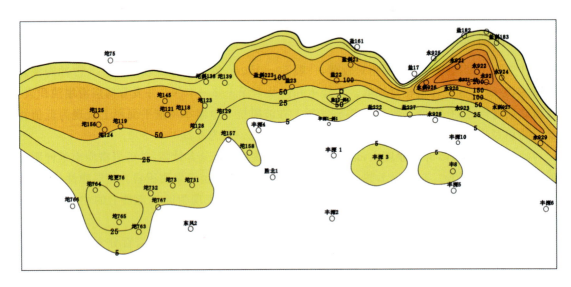

图 5-53　坨 764-风 8 井区沙四上 1 期次砂砾岩等厚图

沙四上Ⅲ期次砂砾岩体厚度大,最大厚度 270m,砂砾岩百分含量高,向南延伸 0.7～3.2 km。储层孔隙度一般为 4%～10%。在波阻抗与电阻率反演平面图上表现为低值背景上的相对高值,电阻率一般为 24～36Ω·m,波阻抗一般为 11 000～13 000。

沙四上Ⅳ期次钻穿的井较少,砂砾岩体厚度大,最大厚度 310m,砂砾岩百分含量高,向南延伸 1.8～4.5km。储层孔隙度一般为 4%～10%。在波阻抗与电阻率反演平面图上表现为低值背景上的相对高值,电阻率一般为 28～38Ω·m,波阻抗一般为 11 200～13 200。

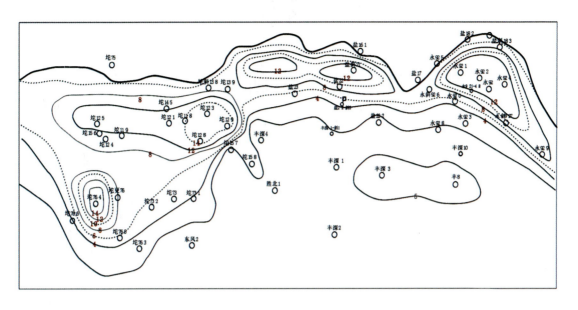

图 5-54 坨 764-风 8 井区沙四上 1 期次砂砾岩孔隙度等值线图

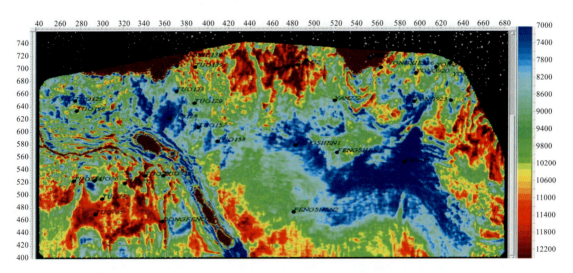

图 5-55 坨 764—丰 8 井区沙四上 1 期次纵波阻

第六章 技术创新与应用效果

东营凹陷砂砾岩体的识别与描述综合了地质、地震、测井与动态等多学科知识,经过多年的技术攻关和勘探实践,开展砂砾岩体的地震地质特征及储层描述技术攻关,有效识别内幕特征;形成砂砾岩体沉积期次精细划分方法,井震符合率达到90%;形成基于叠前、叠后地震信息的储层精细描述技术系列,明确分布规模,为济阳坳陷其他地区陡坡带砂砾岩体油藏的研究,提高该类油藏勘探开发效益,提供强有力的技术保障,对提高其他类型岩性油藏的勘探开发效益也将起到有益的借鉴作用。

第一节 技术创新成果

一、形成了高精度砂砾岩体成像技术

针对如何提高资料品质的问题,明确影响砂砾岩体成像效果的主要因素,开展砂砾岩体高精度成像技术研究,自主研发了新型有效波多域能量补偿技术和自适应谱拟反褶积技术,革新形成多尺度联合成像方法,建立了一套以高精度速度分析、深度模型建立和优化为主的陡坡带砂砾岩体精细处理技术系列,有效提高了陡坡带砂砾岩体的成像精度及地质分辨能力,促进目标研究由外包络深入内部的飞跃。

据现有资料分析,原始资料噪音发育、信噪比与分辨率较低、能量变化大、陡坡带速度变化大、反射波杂乱5种主要因素影响到砂砾岩体的精确成像。通过模型正演,明晰了砂砾岩体高速特征对时间域和深度域成像差异和频率、道距等敏感参数对分辨能力影响,对处理方法、储层预测方法的选择提供比较可靠的依据。

经过攻关研究,在盐下能量补偿、提高砂砾岩体分辨能力、速度分析及深度模型建立优化方面取得了创新成果,解决了砂砾岩体成像的关键问题,形成了较为完善的叠前时间偏移和叠前深度偏移两套技术系列。

弯曲射线叠前时间偏移:弯曲射线利用层速度代替均方根速度模型计算旅行时,更接近实际地震波传播规律,提高旅行时计算精度。该方法陡断面及上覆砂砾岩体成像精度明显提高。

基于层析反演的叠前深度偏移:利用均方根速度迭代分析方法和基于剩余延迟时的模型修正与剩余速度分析技术,建立适应陡坡带砂砾岩体速度变化特点的叠前深度域初始速度模型;通过基于剩余曲率的层析反演模型优化技术,进行速度模型优化,最终形成准确的速度-深度模型。该方法提高了砂砾岩体内幕及边界断面的成像精度。

通过试验和技术应用,所处理的地震资料主频提高15Hz,频带拓宽20Hz,砂砾岩体发育层段信噪比提高1.2倍,陡断面、上覆砂砾岩体包络面及内幕成像精度明显提高,为砂砾岩体内幕精细研究奠定基础。

二、构建了砂砾岩体期次精细划分方法

针对如何研究内部结构的难题,建立陡坡带地层等时格架和测井旋回,研究并形成砂砾岩体大、小尺度沉积期次的精细划分技术,形成了以数据驱动层序精细划分、S变换时频分析识别内幕结构为主的不同尺度砂砾岩体期次精细划分方法,划分了砂砾岩体典型井多级沉积旋回,首次剖析了内幕结构,实现了多域转换,明确了影响砂砾岩体展布的主控因素和不同层系的期次变化规律,完成了该类油藏勘探由"粗放"到"精细"的转变。

大尺度地层划分:利用地震地层学的研究方法,通过地震反射特征和同相轴接触方式,进行大尺度期次界面的识别,利用单井旋回划分对地震资料进行标定,划分出大的沉积期次。其中上述相位、数据双驱动层序划分是其关键技术。

小尺度期次划分:通过声波合成记录将单井所划分的期次准确地标定在地震剖面上,期次变化所引起的地震响应特征的变化具有周期性的特征,在频率上表现为从低频到高频的正旋回特征,在振幅上表现为从弱振幅到强振幅的能量变化周期。在成像测井和取芯岩性剖面上,砂砾岩体由深至浅粒度逐渐变细。根据这些特征可以在地震剖面上准确地描述砂砾岩体期次的横向分布情况,其中,S变换时频分析是其关键技术。

期次划分成果有效地指导勘探实践并取得了明显效果,例如针对盐家沙四段砂砾岩体共部署盐227、永930等井位41口,已完钻探井34口,钻探结果证实期次划分吻合率为94%,进一步明确砂砾岩体分布规律。

三、开发了多信息融合的砂砾岩体有效储层描述技术

针对如何精细描述储层的难题,建立了砂砾岩体有效储层的识别标志和井震关系,形成了砂砾岩体相带地震属性预测技术,首创了多信息融合、条件递推方法,开发了叠前、叠后信息联合定量描述储层物性的方法,形成了地震、地质、测井和动态资料联合识别和描述砂砾岩体的技术系列,实现了砂砾岩体油藏由定性预测跨到定量评价。

单纯的叠前、叠后储层孔隙度预测都存在着一定不足。叠后孔隙度预测虽然相带展布规律较明显,但是细节刻画不足,精度相对较低;叠前孔隙度预测精度较高,细节刻画明显,但由于预测过程中主要由数据驱动,在相带展布规律的表现上略有欠缺。基于以上的原因,本次研究探索性的进行了叠前叠后属性融合方法。

属性融合技术:选择叠前属性预测数据体,如泊松比体、v_p/v_s体等,利用地层切片的方式,得到单期次不同弹性参数的平面图。同样,选择叠后属性预测体,利用相同的方式获得同一期次相关性较高的优化属性。利用交会分析和井震关系,对叠前叠后属性的相关性进行分析,根据相关性的高低确定其权重。根据优选的属性,确定了各属性权重之后,利用多元回归方程,对其进行属性融合,经过变差校正,得到最终的叠前叠后属性融合数据体。

从叠前叠后属性融合的孔隙度预测结果来看,它兼有了叠前、叠后孔隙度预测的优点,在准确性得到保证的基础上,既显示了物性预测的相带变化特征,又突出了储层物性的细节变化。体现了地震、地质、测井、开发等多手段结合的优势,进一步提高了有效储层描述精度,储层预测符合率由原来65%提高到82%。

第二节 勘探应用效果

一、总体效果

近年来,在深入地质分析的基础上,有针对性地配套实施集物探、地质、测井于一体的砂砾岩体油藏综合描述技术,针对砂砾岩体已探索形成了一套行之有效的期次划分技术和有效储层预测技术系列。在东营凹陷陡坡带取得了良好的应用效果,尤其是继盐 22、丰深 1 取得成功以来,在东营凹陷又发现了一批富集高产的砂砾岩扇体油藏,掀起了胜利油田砂砾岩扇体油藏勘探的又一次勘探高潮,成为新的产能建设阵地和储量阵地。

研究成果对砂砾岩体油藏的勘探开发工作起到了良好的指导作用,在东营凹陷陡坡带发现及落实有利勘探面积 300km² 以上,部署探井井位 47 口,期次吻合率为 100%,见油成功率 73.1%。应用项目所开发的技术在东营凹陷砂砾岩体油藏上报了探明石油地质储量和控制储量,取得了显著的经济效益。

1. 陡坡带东段

通过研究分析和技术应用,东营凹陷陡坡带东段砂砾岩体共分为 14 期,根据埋深分为浅、中、深 3 个层次。其中浅层沙三段共 3 期砂砾岩体,有利叠合面积 26km²,预测石油地质储量 860×10⁴t;中层沙四上亚段 5 期砂砾岩体,有利叠合面积 52km²,预测石油地质储量 7 000×10⁴t;深层沙四下亚段共 6 期砂砾岩体,有利叠合面积 66km²,预测油气当量 3 000 万吨。整个东营凹陷陡坡带东段形成一个纵向多层系叠合,横向连片的一个规模储量阵地。

自 2010 年项目运行以来已先后部署探井井位 33 口,目前已完钻 20 口,见油气显示井 17 口,其中 7 口井试油获工业油流。其中盐 225 井测井解释含油水层 508.6m/19 层,油层 9.3m/2 层,油水同层 17.6m/2 层,对沙三下 2 600.6～2 622m 试油,压裂后日产油 9.88t。永 938 井解释油层 61.5m/8 层,沙四上纯上亚段 3 487～3 494m 油层 1 层 7m,压裂后日产油 13.4t,日产气 876m³。坨深 4 井沙四下试气日产气 11 000m³。老井试油 1 口(丰深 1—斜 1),对丰深 1—斜 1 井盐下扇体 4 402.2～4 419.5m 井段测试,5mm 油嘴放喷,出口油 28.69m³,日产气 45 065m³,在东营沙四下深层裂解气取得较高工业价值油气流。整体来看,浅、中、深砂砾岩体都获得了较好的勘探效果,形成了有序的资源序列。

除坨 770 井因储层预测精度较低储层相对不发育以外,其余井位储层预测都达到了预期效果,整体储层预测准确率达 95%。其余探井失利的原因主要是由于砂砾岩体成藏条件较为复杂,部分圈闭条件不落实,没有形成侧向封堵等。

利用叠前深度偏移资料,共发现浅层砂砾岩体圈闭 11 个,有利圈闭面积 8.2km²,部署探井 3 口(盐 165、盐 184、永斜 852),目前都已完钻。从钻探效果来看,3 口井都钻遇了大套砂砾岩体储层,储层预测率达到 100%,取得了预期的效果。从油气显示情况来看,3 口井都见到了不同级别的油气显示,其中盐 165 电测解释为含油水层,盐 184 电测解释为油水同层,均未试油;永斜 852 井目前正在测试,已获得日产 4.45t 的工业油流。从钻探结果来看,叠前深度偏移资料在对于储层的识别上精度较高,准确率达到 100%,对于砂砾岩体构造形态的描述上,吻合度也较以前有了很大提高,达到了 82%。在叠前深度偏移资料出站之前,部署钻探的两口探井(盐 104、永斜 851),虽然都钻遇了储层,且见到了油气显示,但都没有见到工业油流。

由此可见,在砂砾岩体识别精度及构造形态的刻画上,叠前深度偏移资料较叠前时间偏移资料有着较大的提高。

2. 陡坡带西段

通过对东营凹陷陡坡带西段砂砾岩体的综合评价,全区共落实沙四段13期砂砾岩体有利叠合面积(除已探明区域以外)有50km²,预测石油地质储量$4\,500\times10^4$t,全区同样具备盐家地区东西连片含油的勘探潜力。同时结合胜坨、盐家等地区的综合评价,整个东营北带展示出整体含油的广阔前景。

就陡坡带西段来说,该地区砂砾岩体的发育在平面上受陈南断裂、胜北断层、利津断层等多个控盆断裂的控制,形成了呈阶梯状南北展布的3级断阶,在各个断阶上发育条带状的砂砾岩体储层。其中高台阶砂砾岩体规模较小;中台阶是目前发现砂砾岩体的主体发育区,勘探程度也较高,上报探明的利85块就是属于该地区。储层物性整体相对较好,压裂后产能效果也非常明显。东部的利96块目前仅利96在沙四段获工业油流,还没有储量上报探明,该区仍处于探索阶段;低台阶的利98块目前上报控制储量,但产能长期不落实,制约了该区的储量升级。因此对砂砾岩体的勘探部署思路是:整体部署、分带落实、上下兼探的原则,逐步实现沙三段、沙四段砂砾岩体的整体探明。其中中台阶是沙四段砂砾岩体的主力发育区,目前已经上报探明的利85块就属于该台阶。按砂砾岩体期次评价方法进行了重新部署,考虑多期兼探,新部署了利567、利斜942、利965等中台阶探井。2011年中台阶新增利95、利96、利563三块控制储量375万吨。整体展示出储量横向连片的趋势。同时也针对高台阶构造油藏和低台阶滑塌浊积油藏进行了评价部署,相继部署了利984、利988等一批评价井,探索砂砾岩体的分布边界。

至此自2010年项目运行以来已先后部署井位11口。目前已完钻5口(滨686、滨687、滨688、利937、利984),3口井试油获工业油流,滨688及利984未钻遇储层失利。老井试油2口(利35、利885),也获得成功。其中滨686测井解释沙三下3 080.5～3 083.9m油层1层3.4m,压裂后,日产油6.13m³;滨687井测井解释沙三下3 011.6～3 014.7m油层1层3.1m,试油0.26t;沙四纯下亚段3 360.1～3 369.6m解释油层8.2m/2层,试油日产油3t;利937井沙四纯下亚段见油层19层26.2m,在2 606.8～2 631.7m井段试油10.3m/11层,日产油10.9t。老井试油方面利35井沙四段2 948.7～2 960m常规试油日产油1.1t,2010年重新压裂获5.06t/d工业油流;利885井沙四上纯下3 229.60～3 235.30m见3.6m/3层油水同层,压裂后日产油7.16t,最高日产油10.61t;3 253.5～3 258.5m井段5m/1层,试油4.3t/d。这批井的钻探成功,进一步证实了砂砾岩体的成藏能力,扩大了砂砾岩体的含油气规模,整个北带含油连片的趋势愈加明显。

二、沙三段—沙四上亚段砂砾岩体综合评价

陡坡带各类成因扇体的时空展布受制于盆地的边界条件、构造演化阶段、物源区性质、构造运动、湖平面的相对升降变化、古气候及古水流等因素的影响,其展布的规律性较强。东营凹陷古近系构造运动具强烈的周期性,特别是沙四上—沙三沉积期北部陡坡带构造运动最为强烈,是东营湖盆扩张的鼎盛期,且为湿热的气候条件,决定了这个时期扇体最为发育,形成陡坡带典型的多沟多梁的扇体群组合。目前发现的石油储量主要集中于这一层系,这也是技术攻关研究的重点。

1. 各期次厚度统计

储层厚度是各期次砂砾岩体发育情况的重要指标,也对其含油气性具有重要的意义。在精细制作合成记录的前提下,充分应用钻井资料与地震解释数据相结合,落实出各期次砂砾岩体的储层厚度以及它们的油气显示情况。

根据期次划分结果,整个东营凹陷沙三—沙四上发育了14期砂砾岩体。经统计,整个北带西段全区钻井有160余口,钻至沙四段的钻井有92口。通过井震结合落实出了各单井钻遇的期次,以及它们对应的各期次砂砾岩体的厚度,并且也统计出了各期次砂砾岩体的含油气情况。统计结果显示,储层厚度与含油气性具有非常直接的对应关系,一般来说,厚度越大,该期砂砾岩体的含油气性就越好。

以其中的第7期砂砾岩体为例,该期砂砾岩体储层厚度最大可达200m左右,而统计结果显示见油气显示的井处的厚度均在20m以上,占到了全部探井的95%,20m以下的砂砾岩体一般显示级别较低或无显示。可见厚度对砂砾岩体的含油气性具有重要的影响(图6-1)。

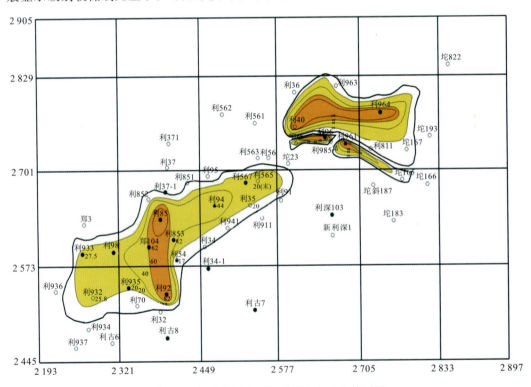

图6-1 郑南地区砂砾岩体期次7砂岩等厚图

除厚度因素之外,储层的物性因素也是影响含油气性的另一重要因素,储层厚度在20m以上而没有油气显示的利40井,就是由于储层孔隙度较低,因而未能成藏。

2. 孔隙度预测

通过查阅相关实验室镜片观察资料发现,砂砾岩体储层储集空间为双重孔隙介质,以孔隙为主,孔隙含油、微裂缝连通。3~16μm微孔隙均匀分布,局部发育有少量微裂隙和粒间孔,孔隙度就是表征砂砾岩体储层发育程度的最直接的参数。

正演模拟分析的结果表明,3类地震属性里的振幅类属性对砂砾岩体反映最为稳定,其中又以均方根振幅属性对砂砾岩体各相带变化的响应最为明显。扇中部分均方根振幅响应最强,而扇根和扇端部分的均方根振幅的响应则相对较弱,这与砂砾岩体孔隙度分布的特点是一致的。依据砂砾岩体的这一特点,通过钻井统计孔隙度值与均方根振幅属性相结合,拟合出孔隙度与均方根振幅之间的数学计算公式。并将之外推,从而获得了各期次砂砾岩体的孔隙度平面分布图。

同样以第7期砂砾岩体为例,通过钻井统计出该期次砂砾岩体的单井处的孔隙度数据,含油气的砂砾岩体钻井的孔隙度均比较大,在8%~11%。而不含油的砂砾岩体的孔隙度均在5%以下;同时又提取出该期次砂砾岩体的均方根振幅属性。通过LPM数据拟合就获得了期次7的孔隙度平面分布图(图6-2)。以5%的有效孔隙度下限为界,圈出大于5%的范围,既为该期砂砾岩体有效孔隙度的分布范围。从孔隙度预测的分布情况可以清楚地看出,扇根和扇端部分的孔隙度较低;而扇中部分的孔隙度较大,是有效储层的发育部位。该期砂砾岩体有效储层的发育地区主要在利853—利56一带的中间部位以及利96井区断层下降盘地区,整体呈长条状东西向展布。

图6-2　郑南地区砂砾岩体期次7孔隙度分布图

3.沉积相划分

目前常用的沉积相划分的物探方法就是通过地震数据获得地震相,然后将地震相转化为沉积相的方法。这种方法从地震数据直接出发,通过波形聚类,划分出具有相似地震波形的分布区,同时与钻井确定出的单井相特征相结合,以此来识别和划分沉积相带的平面变化规律。

对于单期次的砂砾岩体来说,沉积相划分就是划分出砂砾岩体的扇根、扇中、扇端等沉积亚相,直观地分析有效储层发育分布情况。

准确的井震综合标定是划分单井岩相带的前提,通过钻井与地震的结合,可以初步确定不同岩相带所具有的地震反射特征。一般来说,扇根的岩性较粗,为巨砾、粗砾、中砾、细砾等砾石,大小混杂,分选磨圆差,地震反射上主要表现为弱振幅、高频、连续性差、空白或杂乱反射结构;扇中岩性一般为砾状砂岩、含砾砂岩、砂岩,分选较好,为强反射振幅、高频、连续性好的地震反射特征;扇端岩性一般为含泥质的砂岩、粉砂岩等,分选好,磨圆度高,地震反射表现为振幅反射较弱,中频,连续性好等特点。

上下期次之间的沉积相带也是不一致的,这是由于沉积可容空间的变迁导致的沉积物卸载的区域变化引起的。从砂砾岩体沉积的整体趋势来看,向凸起方向早期沉积的砂砾岩体偏扇根亚相,而后期沉积的砂砾岩体则偏扇中或扇端亚相。

以期次 7 为例,该期砂砾岩体波形分类划分出的地震相对沉积相带的变化反映非常明显,扇根—扇中—扇端的变化边界在地震相上清晰可见。结合钻井划分出了该期砂砾岩体的沉积相平面分布图。划分结果显示含油气性与沉积相带也是密切相关的,扇中亚相的含油气性最好(图 6-3)。

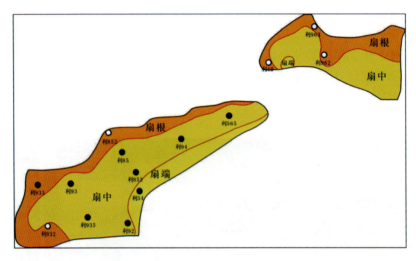

图 6-3 郑南地区砂砾岩体期次 7 沉积相图

4. 有利区带落实

综合以上的各期次储层厚度平面分布、孔隙度平面分布以及沉积相平面分布情况,将 3 方面因素相结合并取其交集,落实出 3 方面因素均有利的地区,即是砂砾岩体最为有利的相带分布区。经综合分析,落实出第 7 期砂砾岩体有利面积 $16.56 km^2$,按有效厚度 20m 计算,预测石油地质储量 $1300\times10^4 t$(图 6-4)。

将这种方法应用到其他 13 期的砂砾岩体,最终落实出各期次砂砾岩体的有利发育区以及储量规模。其中第 1 及第 2 期砂砾岩体以构造背斜和岩性尖灭成藏为主,储量规模相对较小;第 3 期砂砾岩体在构造成藏区,而没有构造背景,因此基本不成藏;第 4 期—第 13 期砂砾岩体及物性封堵成藏为主,规模和储量均比较大。将 14 期的有利区带相叠合,就落实出整个东营凹陷陡坡带的砂砾岩体有利含油范围及储量规模。

东营凹陷陡坡带自西向东发育了郑 408、坨 121、盐 16、永 93 等十大古冲沟,是物源供给的主要通道,沙三、沙四时期发育了众多的冲积扇、水下扇等砂砾岩体。截至目前,东营凹陷陡坡带砂砾岩共发现油田 9 个,累计上报探明石油地质储量 3.5 亿 t。经过本次研究和落实,砂砾岩体油藏还有预测石油地质储量约 $15360\times10^4 t$。

三、沙四下砂砾岩体综合评价

东营凹陷盐下(沙四下)多发育近岸水下扇,其扇中部位为有利储集相带。丰深 1 等 6 口

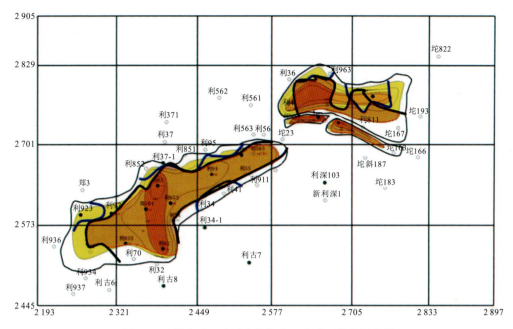

图 6-4 郑南地区砂砾岩体期次 7 有利区综合评价图

深探井均钻遇是砂砾岩体的顶部部位,岩性为含砾砂岩和细砂岩。从各井砂砾岩孔隙物性与含气层分布看,储层含气性受物性控制,因此对于砂砾岩体勘探关键是寻找相对有利的储集相带,本次在盐下砂砾岩沉积期次划分的基础上,应用叠前叠后反演对每一期的有效储层进行预测,分期次评价砂砾岩的储量规模,提出井位部署建议。

1. 砂砾岩体期次划分

砂砾岩体期次划分的有效技术手段为时频分析技术。时频分析法就是利用地震信息进行沉积期次或层序分析,为多频段扫描,按一定比例排列,形成以频率为横轴、时间为纵轴的时频分析柱状图。时频分析地质基础以地震构造-层序模型为依据,即层理结构中尺度变化及变化方向性决定其地震响应频率成分不同。在民丰地区,根据地震反射,应用时频分析,结合录井、测井资料,对盐下砂砾岩体的期次进行了划分,共划分了 6 个期次,并对 6 个期次砂砾岩体进行精细描述。

2. 有效储层预测

1) 岩石物理模版

岩石物理提供了储层地质学参数(如孔隙度、黏土含量、分选、岩性、饱和度)和地震属性参数(如波阻抗、纵横波速度比 v_p/v_s、地层体积密度、弹性模量等)的关联。利用砂砾岩实验测试及纵横波测井资料,选择合适的岩石物理理论模型,通过流体替换建立适合砂砾岩解释的岩石物理模板,为储层物性及含气性检测奠定基础。

实验室测定的东营北带砂砾岩干岩石的密度主要分布在 $2.4 \sim 2.7 \mathrm{g/cm}^3$,孔隙度主要分布在 $0.4\% \sim 10\%$,反映了岩石致密的特点。通过样品孔隙度与样品密度的交会分析表明,岩石的孔隙度与岩石密度有较好的线性相关性。岩石波阻抗与孔隙度的关系与波速与孔隙度的关系相似,波阻抗随孔隙度增加而减小,不同岩性分散形成了不同的近似线性相关性条带。粗砂岩的波阻抗高于中砂岩、含砾砂岩的波阻抗,泥岩波阻抗值最低,纵波阻抗随孔隙度变化幅度大于横波阻抗随孔隙度变化的幅度。

岩性差异是造成不同地区岩石物理参数特征不同的重要原因。砂岩样品颗粒越细,速度也越低。总的来说,孔隙度变化使岩石物理参数发生改变,不同的岩性的变化特征不同。纵波速度对流体替换较为敏感,横波速度较为不敏感。水替换气体后,纵波速度增加了30~140m/s,横波速度减小,但变化幅度明显不如纵波速度。实验室测试的砂砾岩体饱含气的纵横速度比小于1.7,低于饱含油和饱含水的砂砾体纵横速度比。含气岩石样品的弹性参数泊松比主要分布在0.22~0.27之间,饱水岩石样品的弹性参数泊松比主要分布在0.25~0.30之间,饱油岩石样品的弹性参数泊松比主要分布在0.24~0.29之间。含气岩石样品弹性参数的变化量均随孔隙度增大而变大。

从声波特征分析,砂砾岩体的速度随深度增加明显增大,且远远高于其上覆围岩的速度;就砂砾岩体自身而言,油气相对比较富集的扇中部位与扇端之间存在明显的速度差,据统计产层速度低于5 200m/s,干层的速度5 500~6 000m/s,而扇中和扇根部位之间同样速度差异较大;气层密度小于2.6g/cm³,干层密度大于2.6g/cm³;气层波阻抗小于13 000;砂砾岩泊松比在0.25~0.3之间,气层的泊松比小于0.22;储层含气性与孔隙度有明显关系,含气层的孔隙度大于3%,反映出物性对储层含气性的影响。

通过岩石物理实验及测井响应特征分析可知,砂砾岩气层速度、密度与致密干层存在一定差异,仅用纵波速度和密度难以区分气层与非气层,通过岩石物理模板计算可以看出,纵波阻抗与纵横波速度比交会可区分气层。

2)叠前地震反演

地震反演及属性技术在储层描述中发挥了重要作用,但对储层物性和流体的识别存在局限性。油藏描述正在向叠前属性解释技术发展,叠前地震资料通过弹性参数反演、AVO、AVA等叠前处理,获得纵横波速度、泊松比等参数,基于岩石物理模板,可对反演成果进行解释,预测储层流体性质。采集、处理技术的不断提高,为叠前反演发展提供了更好的资料基础和技术支撑,利用民丰高精度地震资料进行了叠前地震反演,预测了盐下不同期次的砂砾岩有利储层分布及含气性。

从叠后反演波阻抗结果看,砂砾岩整体为较高的波阻抗,扇体特征清楚,但从扇根到扇端变化小,难以区分有效储层的分布,从叠前反演的纵横波速度比剖面上看,砂砾岩扇中部位为相对低的纵横波速度比,与扇根能够区分,有效储层纵向相互叠置,平面上不同期次的叠合连片。利用纵波阻抗与纵横波速度比交会,以岩石物理模板为指导,对反演结果进行解释,在丰深4南、丰深1、丰8井区均有有效储层分布。

3. 综合评价

从描述的盐下6个期次砂砾岩体分布来看,平面上由北向南推进,纵向上不同的井钻遇不同期次的砂砾岩体,每个期次的砂砾岩勘探程度不同。坨深4井区发育第3、第4、第5期次的砂砾岩体,丰深1井区发育第2、第3、第4、第5期次砂砾岩体,丰深2井发育第6期次砂砾岩体,丰深3井发育第1、第2、第3期次砂砾岩体,丰8井区发育第1、第2、第3、第4、第5期次砂砾岩体。

第1、第2期次砂砾岩体勘探程度相对较高,已有丰深1、丰深1—斜1、丰深3、丰深4、丰深5、丰8、永559等井钻遇,气层主要分布于第2期砂砾岩体,丰深1已获工业气流,丰深3、丰

8获低产气流,丰深1—斜1井测试成功,基本可控制第2期次砂砾岩体有利含气面积20km²,天然气地质储量48×10⁸m³。

第3、第4期次砂砾岩体勘探程度较低。第3期次砂砾岩体有坨深4、丰深5钻遇,坨深4在4 787~4 826.8m井段压裂获日产气1 347m³,结合第3期次叠前地震反演结果,预测第3期次砂砾岩体的有利储层分布,预测有利含气面积25km²,预测天然气储量80×10⁸m³;第4期次砂砾岩体只有坨深4井钻遇,结合第4期次的叠前叠后地震反演成果,预测有利含气面积21km²,天然气圈闭资源量67×10⁸m³。

第三节 开发效果分析

砂砾岩储层非均质性强,效果差异大,储层物性好,单井产能高。但砂砾岩体横向变化快,以往内幕结构识别没有达到定量化程度,砂砾岩体有效储层预测难度大。通过两年多的攻关研究,基本克服了以往困难,形成了基于叠前、叠后信息融合的有效储层描述技术,并在开发实践中取得了良好效果,有效提高了砂砾岩体油藏的开发效益。

一、永925井区

永925井位于盐18古冲沟西侧翼,于1995年完钻,该井沙四段钻遇油层11层79.4m,油水同层1层3.1m,1997年8月对该井2 520.0~2 531.2m井段进行试油,解释结果上油层下油水同层共1层11m,抽汲日产油6.99t,不含水,累产油85.3t,试油结论为油层;同时也对2 724.0~2 760.8m井段油层1层12m进行试油求产,日产油4.53t,不含水,经酸化后日产油9.05t,不含水,累产油83.8t。1997年10月投产,射孔井段2 520~2 740m,初期日产液40.3m³,日产油38.3t,含水5%。目前该井日产液22.8m³,日产油3.8t,含水83.4%,已累计产油3.17×10⁴t。

通过对砂砾岩体的精细构造描述及储层厚度、孔隙度预测,发现位于永925井的北东向发育一个具有小型背斜构造的砂砾岩体,该砂体呈北东-南西向展布,预测储层厚度在20~80m之间,孔隙在10%~12%之间,整体厚度及物性要好于永925。因此,通过调整开发方案,在永925井北东有利部位部署了6口开发井(图6-5)。

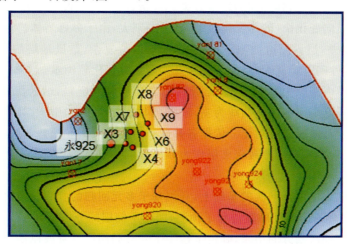

图6-5 永925井区第3期次储层孔隙度预测图

目前6口井都已完钻,且都见到工业油流,其中永925-斜6井,沙四段钻遇油层2层50.7m,油水同层1层14m,射孔井段2900～2910m,日产油21.8t,含水5%,目前该井日液10.5m³,日产油10.3t,含水2%,已累计产油0.7949×10⁴t。根据6口井完钻情况来看,目的层孔隙度为9.5%～14.6%,平均孔隙度11.7%,预测孔隙度为10%～12%,平均孔隙度11.1%,与预测结果相比误差不大,平均误差为7.4%。储层厚度预测误差在2～5m,平均误差6.6%,整体预测精度较高(表6-1)。

表6-1 永925井区储层孔隙度预测结果分析

井名	深度(m)	试油结论	实际孔隙度(%)	预测孔隙度(%)	预测误差(%)
永925-斜3	2766～2815	油层	9.5	10	5.3
永925-斜4	2774～2785	油层	10.6	11	3.8
永925-斜6	2658～2910	油层	11.5	11.2	2.6
永925-斜7	2646～2916	油层	12.2	10.6	13.1
永925-斜8	2938～3120	油层	11.8	11.2	5.1
永925-斜9	2932～3160	油层	14.6	12.5	14.3
误差均值					7.4

根据6口井的试采情况,单井初期最高产量17.7t/d,单井初期平均日产量8.66t。目前开油井3口,日产油23.8t,平均单井日产油8t,累计产油4.3337×10⁴t,累计产水2.4268×10⁴m³。从本块试采情况看,油井初期产能较高。

二、盐161井区

盐161井位于东营凹陷北部陡坡带盐16古冲沟,主要发育沙三段近岸水下扇,盐161井1995年完钻,根据钻探情况来看,目的层段储层发育较少,沙三段共钻遇含砾砂岩3.5m,钻遇含砾泥质砂33.2m,没有达到预期的钻探效果。分析认为,沙三段近岸水下扇沉积速率较快,砂砾岩体的储层横向变化快,砂体变化较大,岩性差别大,由于砂砾岩体岩性复杂,岩电关系特征不明显,规律性差,层界面电测响应不明显,储层内幕复杂,造成地层的划分和对比困难较大,储层之间连通性确定难度大,造成了勘探开发确定方案比较困难。

利用砂砾岩体内幕期次划分技术,充分利用岩性和电性资料,结合沉积旋回特征进行对比,以自然电位、视电阻率和感应曲线为主,辅以微电极曲线、补偿中子、补偿密度等资料,同时结合地震剖面识别对储层进行对比。依据各井砂砾岩体的分布和测井曲线特征所反映的旋回性,以相对稳定泥岩夹层和岩性致密夹层作为砂层组的划分依据,在地震剖面约束下,完成了砂层组的对比。

在明确了砂砾岩体内幕期次的基础上,利用基于多元回归的叠后储层物性预测技术,对盐161井区目的层的砂砾岩体孔隙度进行了预测,明确了储层的分布特征。

根据砂砾岩体期次划分的结果,确定了盐161井有利储层发育段以沙三下第2期为主,根据储层孔隙度预测结果来看,盐161井位于近岸水下扇的扇端部位,这与实际钻井情况较吻合

第六章 技术创新与应用效果

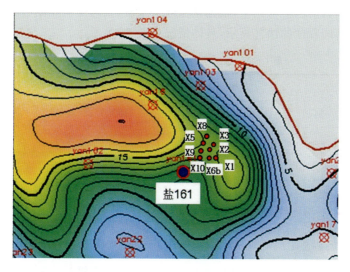

图6-6 盐161井区沙三下第2期次储层孔隙度预测图

(图6-6)。盐161录井表明该井段岩性以含砾泥质砂岩为主,表现出了扇端沉积的特征。

在期次划分及储层孔隙度预测的基础上,明确了有利储层发育期次及储层有利发育区,分析认为通过调整开发方案,该区仍有开发效益。

通过方案的调整编制,在盐161井区设计井8口,其中油井6口,水井2口,全部为定向斜井,预期单井控制地质储量$15.6×10^4$t,油井单井初期日产油能力10t,单元初期日产油能力60t,建成年生产能力$1.80×10^4$t(图6-7)。

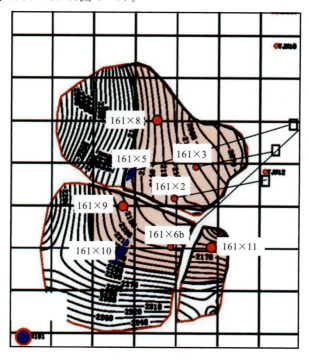

图6-7 盐161井区开发方案部署图

在调整方案后,目前已全部完钻,根据钻探效果来看,钻遇储层厚度明显较盐 161 井厚,物性较好,都见到了不同程度的油气显示,具体情况如表 6-2 所示。

表 6-2 盐 161 井区储层钻遇情况统计表

序号	井号	含油井段(m)	油层(m/层)	油水同层(m/层)
1	盐 161-斜 2	2 469～2 504	103.3/28(有效)	34.9/6
2	盐 161-斜 3	2 369～2 390.8	13/3(有效)	53.9/9
3	盐 161-侧斜 3B	2 602～2 626.9	100.5/23(有效 92.5/23)	61.9/20
4	盐 161-斜 5	2 306.5～2 486.8	65/16(有效 62.8/16)	42.2/7
5	盐 161-斜 6B	2 565.3～2 658	13.8/9(有效)	
6	盐 161-斜 8	2 022～3 057	23.8/2(有效 22.3/2)	1.4/1
7	盐 161-斜 10	2 022～3 058	6.9/3(有效 4.4/3)	11.6/1
8	盐 161-斜 11	2 885～2 911.3	10.7	13.2/4

三、利 853 块

利 853 块构造位置位于济阳坳陷东营凹陷北部陡坡带的中段,位于利津生油洼陷北部的郑南斜坡带上,北邻陈家庄凸起,西临滨县凸起,为一陡坡带上发育的岩性油藏。

2002 年 9 月上报沙四段砂砾岩体探明储量,叠合含油面积为 $11.0km^2$,平均有效厚度为 16.8m。其中利 853 块含油面积 $5.2km^2$,平均有效厚度为 18.7m,地质储量 $515×10^4t$。该块的储量丰度为 $119×10^4t/km^2$。埋藏深度为 2 650～3 000m,千米井深稳产日产油 5t,为中低丰度、中深层、低产能的地质储量。截至 2012 年 3 月,利 853 块先后完钻 26 口井,完钻层位沙四段。

从目前开发的情况来看,主要存在着 3 个问题:天然能量低,天然能量开采油井产量递减快;油水界面不统一,存在 4 个油水界面,注水开发困难;储层横纵向非均质性强,有效储层变化快。这些问题通过近期期次划分以及有效储层的研究得到了较好的解决,为下一步的滚动开发提供了依据。

1. 期次(层序)对比划分

1)选取标准层

根据取芯井资料、岩屑录井资料和电性特征,选取全区分布稳定的泥岩层段或特殊岩性层段作为对比标准层。本断块共选取标准层 2 层,分别是 T6 和 T7。

2)期次界面识别

应用 S 变换时频分析技术识别出代表期次界面的稳定泥岩,以利 853 井为中心点,通过合成记录制作,以东西、南北十字剖面为线,再到全区块的对比思路,实现点、线、面的全区网络闭合对比,完成期次划分对比。通过对比与郑南地区期次划分结果具有很好的一致性。利 853 块期次分别对应郑南地区期次 4、7、8、9,即 4 套砂层组。通过精细的构造解释共编绘 $Es_4(a)$、$Es_4(b)$、$Es_4(c)$、$Es_4(d)$ 4 个期次(砂组)顶面构造图。并共追踪解释 $Es_4(a)$、$Es_4(b)$、$Es_4(c)$、

Es_4(d)4个砂组的扇体边界。

3)按大层组段→期次(砂层组)→小层划分逐级进行对比

按照标准层附近的等时对比模式、相变细分对比模式、闭合对比模式,依据"旋回对比,分级控制"的原则,主要利用组合测井电性特征,综合考虑沉积相、构造、油水关系、地震反射、动态资料等多种因素进行细致对比,全面分析。本次共完成了32口井的层组对比,小层划分。沙三下到沙四段共划分5个砂组,19个小层,其中沙三下为4个小层;沙四段为4个砂层组,15个小层;沙四a砂组4个小层,沙四b砂组3个小层,沙四c砂组4个小层,沙四d砂组4个小层,其中含油小层15个,主力含油小层9个,建立了地层分层和小层情况表(表6-3)。

表6-3 利津油田利853块沙三下—沙四段分层情况表

序号	油组	期次	对应砂层组	小层	含油小层	主力含油小层
1	沙三段		Es_3^x	1		
2				2		
3				3	☆	
4				4		
5	沙四段	4	Es_4(a)	1	☆	
6				2	☆	
7				3	☆	
8				4	☆	★
9		7	Es_4(b)	1	☆	
10				2	☆	★
11				3	☆	★
12		8	Es_4(c)	1	☆	★
13				2	☆	★
14				3	☆	★
15				4	☆	★
16		9	Es_4(d)	1	☆	★
17				2	☆	★
18				3	☆	
19				4		

2. 有效储层分布落实

据利853和利853-3井取芯资料分析,利853块储层孔隙度、渗透率极低。平均孔隙度11.4%,平均渗透率$5.6 \times 10^{-3} \mu m^2$,碳酸盐含量较高,在17%~38%之间,胶结致密,储层物性差,属低孔特低渗储层。从岩芯测井解释的结果来看,Es_4b 砂组(期次 7)各小层物性较好,其次为 $Es_4(a)$、$Es_4(c)$、$Es_4(d)$。这与期次评价的结果一致。

利 853 块各小层储层在平面上也存在一定的物性差异,针对 9 个主力小层孔隙度和渗透率来分析平面非均质性。

Es_4a^4:孔隙度值一般在 4%~14%,平均 8%,渗透率值一般在 $(0.1~62)\times 10^{-3} \mu m^2$,平均 $7\times 10^{-3} \mu m^2$,物性较好部位在扇体南部利 853-21 及利 853-27 井区。

Es_4b^2:孔隙度值一般在 4%~15%,平均 8%,渗透率一般在 $(0.4~21)\times 10^{-3} \mu m^2$,平均 $5\times 10^{-3} \mu m^2$,物性较好部位在扇体南部利 853-21、利 853-31 及利 92 井区。

Es_4b^3:孔隙度值一般在 3%~12%,平均 7%,渗透率一般在 $(0.1~19)\times 10^{-3} \mu m^2$,平均 $5\times 10^{-3} \mu m^2$,物性较好部位在扇体中部及利 92 井区。

Es_4c^1:孔隙度值一般在 3%~12%,平均 7%,渗透率一般在 $(0.2~39)\times 10^{-3} \mu m^2$,平均 $4\times 10^{-3} \mu m^2$,物性较好部位在扇体南部利 853-21 井区。

Es_4c^2:孔隙度值一般在 0.5%~11%,平均 7%,渗透率一般在 $(0.1~25)\times 10^{-3} \mu m^2$,平均 $3\times 10^{-3} \mu m^2$,物性较好部位在扇体南部利 853-23 井区。

Es_4c^3:孔隙度值一般在 2%~11%,平均 7%,渗透率一般在 $(0.1~17)\times 10^{-3} \mu m^2$,平均 $3\times 10^{-3} \mu m^2$,物性较好部位在扇体南部利 853-25 井区。

Es_4c^4:孔隙度值一般在 2.2%~12%,平均 7%,渗透率一般在 $(0.1~12)\times 10^{-3} \mu m^2$,平均 $3\times 10^{-3} \mu m^2$,物性较好部位在扇体东南部利 853-19 井区及利 92 井区。

Es_4d^1:孔隙度值一般在 2.6%~9%,平均 5.5%,渗透率一般在 $(0.1~9)\times 10^{-3} \mu m^2$,平均 $2\times 10^{-3} \mu m^2$,物性较好部位在扇体北部利 85、利 853-37 井区。

Es_4d^2:孔隙度值一般在 2.3%~8%,平均 5%,渗透率一般在 $(0.1~4)\times 10^{-3} \mu m^2$,平均 $1\times 10^{-3} \mu m^2$,物性较好部位利 853-37 井区及利 853-21 井区。

总之,各储层在平面上的物性差异明显,总体来说扇体边部井区物性更差,中部较好,往南边物性有变好的趋势。

3. 利 853 南扩方案部署及指标预测

1)部署开发原则

采用一套井网分段开发,逐段上返;整体部署,分步实施;超前注水开发,及时补充地层能量。

2)设计方案

正方形反五点法,井网、井距 125m×250m(图 6-8)。总井数 40 口(油井 23 口,水井 17 口),新钻井 40 口(油井 23 口,水井 17 口),平均井深 3 200m,进尺 12.8×10^4 m,含油面积 $1.7km^2$,单井日产 6.0t,新建产能 4.1×10^4 t,采油速度 1.6%。

3)指标预测

利 853 块合计完钻新井 40 口,新建产能 4.1×10^4 t,"十五"末采出程度 14.8%,综合含水 84.6%。

4)采收率预测

利 853 块南扩最终采收率取值 25.0%。

4. 开发效果分析

目前已新完钻开发井位 3 口,均获得工业油流,且实钻孔隙度与预测孔隙度平均绝对误差在4%以内(表6-4)。证实了储层预测的准确性,为下一步的滚动开发奠定了良好的基础。

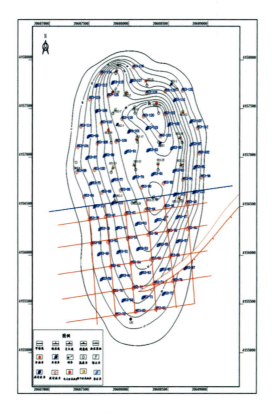

图 6-8 利 853 块南扩部署方案

表 6-4 利 853 南扩新钻井预测结果与实钻结果统计表

井名	试油(t)	预测孔隙度(%)	实钻孔隙度(%)
利 853-40	13.1	8.3	9.5
利 853-41	22.8	7.9	8.6
利 853-42	9	8.8	8.5

参 考 文 献

毕义泉.陡坡带砂砾岩体油气成藏模式研究——以东营凹陷西北部陡坡带为例[D].北京:中国科学院地质与地球物理研究所,2002.

曹辉兰.砂砾岩体储层成岩作用及与油气运聚关系[D].南京:南京大学,2001.

陈宝宁,王宝言,李保利,等.济阳坳陷陡坡带层序地层特征[J].油气地质与采收率,2005,12(6):13-15.

陈萍.泌阳凹陷陡坡带砂砾岩体预测[J].石油勘探与开发,2006,33(2):198-200.

杜波,于正军.多元线性回归法在DX北带砂砾岩体储层孔隙度定量预测中的应用[J].天然气勘探与开发,2012,35(4):36-40.

季敏,魏建新,王尚旭.孔洞物理模型数据的地震响应特征分析[J].石油地球物理勘探,2009,44(2):196-200.

金圣爱.叠前弹性参数反演在浅层气藏识别中的应用[J].大庆石油地质与开发,2011,30(4):149-153.

孔凡群.砂砾岩储层流动单元四维模型研究[D].北京:中国科学院地质与地球物理研究所,2002.

匡斌,王华忠,季玉新,等.任意复杂介质中主能量法地震波走时计算[J].地球物理学报,2005,48(2):394-398.

李桂梅.叠前地震反演预测民丰地区沙四段盐下砂砾岩体含油气性[J].油气地质与采收率,2013,20(2):52-54.

李祖兵,颜其彬,罗明亮.非均质综合指数法在砂砾岩储层非均质性研究中的应用——以双河油田V下油组为例[J].地质科技情报,2007,26(6):83-87.

刘光蕊,陈发亮,韩福民,等.利用地震多属性技术进行储层预测与评价——以东濮凹陷濮城地区沙一段为例[J].油气地质与采收率,2011,18(4):47-49.

刘亚茹.储层流体特征及AVO地震响应分析[J].中国西部油气地质,2007,3(1):85-89.

陆文凯,丁文龙,张善文,等.基于信号子空间分解的三维地震资料高分辨率处理方法[J].地球物理学报,2005,48(4):896-901.

孟玮,钟建华,李勇,等.东营凹陷北部陡坡带砂砾岩体分布规律[J].特种油气藏,2009,16(5):17-19.

蒲勇,熊兴德,李正文.油气储层的地震响应及地震响应异常分析研究[J].矿物岩石,1998,18(9):209-212.

乔玉雷.孔隙流体对岩石物理弹性参数的影响及敏感属性参数优选——以济阳坳陷为例[J].油气地质与采收率,2011,18(3):39-43.

宋国奇,刘鑫金,刘惠民.东营凹陷北部陡坡带砂砾岩体成岩圈闭成因及主控因素[J].油气地质与采收率,2012,19(6):37-41.

宋宁.东营凹陷北部陡坡带砂砾岩体层序地层研究[D].南京:南京大学,2004.

宋荣彩,张哨楠,董树义,等.廊固凹陷近岸水下扇特征及控制因素[J].地球科学与环境学报,2007,29(2):145-148.

孙怡,鲜本忠,林会喜.断陷湖盆陡坡带砂砾岩体沉积期次的划分技术[J].石油地球物理勘探,2007,42(4):468-473.

滕吉文.中国地球物理学研究面临的机遇、发展空间和时代的挑战[J].地球物理学进展,2007,22(4):1-101.

1 112.

田景春,付东钧.近岸水下扇砂砾岩体的储集性研究——以胜利油区沾化凹陷埕913-埕916井区沙三段为例[J].成都理工学院学报,2001,(4):366-370.

田中原.砂砾岩储层水淹机理及测井响应研究[D].北京:中国石油勘探开发研究院,2000.

王棣,王华忠,马在田,等.叠前时间偏移方法综述[J].勘探地球物理进展,2004,27(5):313-319.

王红旗,孟小红,王宇超,等.三维叠前时间偏移在红北地区的应用[J].石油物探,2005,44(1):68-75.

王良忱,张金亮.沉积环境和沉积相[M].北京:石油工业出版社,1996.

王宁.东营凹陷北部陡坡带砂砾岩体岩性油气藏形成机理及分布规律研究[D].北京:中国科学院地质与地球物理研究所,2001.

王延光.关于地震叠前时间偏移技术与应用问题的思考[J].油气地球物理,2003,1(3):1-6.

王艳忠,操应长,宋国奇,等.东营凹陷古近系深部碎屑岩有效储层物性下限的确定[J].中国石油大学学报(自然科学版),2009,33(4):16-21.

王余庆.叠前偏移技术研究及应用[A].中国石油天然气股份有限公司叠前时间偏移技术研讨会论文集[C].北京:石油工业出版社,2005.

武恒志.济阳坳陷陡坡带砂砾岩体发育特征及油气成藏规律研究[D].北京:中国科学院地质与地球物理研究所,2001.

谢里夫 R E.勘探地震学[M].北京:石油工业出版社,1999.

徐晓晖,许建华,谢远军,等.东营凹陷北部陡坡带西段水下扇体储集层特征[J].沉积与特提斯地质,2003,23(1):84-89.

鄢继华,陈世悦,姜在兴.东营凹陷北部陡坡带近岸水下扇沉积特征[J].石油大学学报:自然科学版,2005,29(1):12-16.

杨锴,许士勇,王华忠,等.倾角分解共反射面元叠加方法[J].地球物理学报,2005,48(5):1 148-1 155.

姚军,王晨晨,杨永飞,等.一种砂砾岩介质岩芯表征的新方法[J].岩土力学,2012,33(2):205-208.

阴国锋,徐怀民,陶武龙,等.基于有效储层识别的砾岩储层综合评价——以八区下乌尔禾组油藏为例[J].特种油气藏,2011,18(3):27-30.

曾洪流,张万选,张厚福,等.廊固凹陷沙三段主要沉积体的地震相和沉积相特征[J].石油学报,1988,9(2):12-18.

张金亮,沈凤.乌尔逊凹陷大磨拐河组近岸水下扇储层特征[J].石油学报,1991,12(3):25-35.

张军华,刘振,刘炳杨,等.强屏蔽层下弱反射储层特征分析及识别方法[J].特种油气藏,2012,19(1):23-26.

张丽艳.砂砾岩储层孔隙度和渗透率预测方法[J].测井技术,2005,29(3):212-215.

张萌,田景春."近岸水下扇"的命名、特征及其储集性[J].岩相古地理,1999,19(4):42-52.

张印堂,刘培体.渤深6地区高精度处理技术[J].地球物理学进展,2005,20(1):49-53.

赵俊青,纪友亮,夏斌,等.近岸水下扇沉积体系高精度层序地层学研究[J].沉积学报,2005,23(3):490-497.

赵永胜,陈布科,邝平河,等.滇西陇川盆地南林组储层砂体粒度分布特征及环境分析[J].矿物岩石,1993(4):84-93.

周怀来,李录明,罗省贤,等.各向异性含气砂岩模型正演及AVO响应特征分析[J].勘探地球物理进展,2010,33(3):174-178.

朱庆忠,李春华,杨合义.廊固凹陷大兴砾岩体成因与油气成藏[J].石油勘探与开发,2003,30(4):34-36.